博雅小书院
Liberal Arts Education for Children

U0607857

讲故事的建筑

中国出版集团　现代出版社

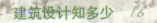

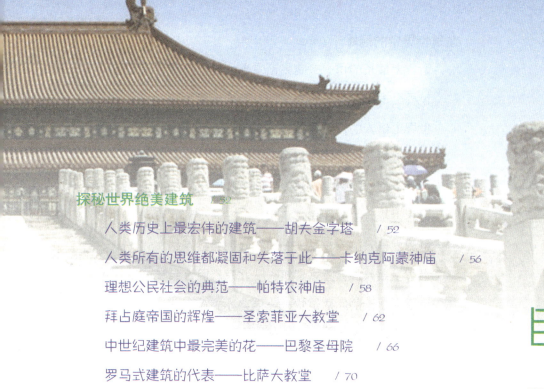

目录

目

录

建筑设计知多少

建筑本身就是美丽的。有人说过，建筑就是一首哲理诗。在高山之巅，在大海之滨，在东方，在西方，在乡野，在城市，在远古，在现代，这首诗歌点缀着人类文明的沧海桑田。

建筑，是人类创造的最伟大的奇迹和最古老的艺术之一。从古埃及大漠中的金字塔、罗马斗兽场、庞贝遗址到中国的古长城，从秩序井然的北京城、金碧辉煌的故宫、气势恢弘的天坛、诗情画意的苏州园林、清幽别致的峨眉山八大古寺到端庄高雅的希腊神庙、威慑压抑的哥特式教堂、豪华眩目的凡尔赛宫、冷峻刻板的摩天大楼无不闪耀着人类智慧的光芒。

苏州园林

建筑设计的发展史 〉

在古代，建筑技术和社会分工比较单纯，建筑设计和建筑施工并没有很明确的界限，施工的组织者和指挥者往往也就是设计者。在欧洲，由于以石料作为建筑物的主要材料，这两种工作通常由石匠师承担；在中国，由于建筑以木结构为主，这两种工作通常由木匠承担。他们根据建筑物主人的要求，按照师徒相传的成规，加上自己一定的创造性，营造建筑并积累了建筑文化。

近代，建筑设计和建筑施工分离开来，各自成为专门学科。这在西方是从文艺复兴时期开始萌芽，到产业革命时期才逐渐成熟；在中国则是清代后期在外来的影响下逐步形成的。

随着社会的发展和科学技术的进步，建筑所包含的内容、所要解决的问题越来越复杂，涉及的相关学科越来越多，材料上、技术上的变化越来越迅速，单纯依靠师徒相传、经验积累的方式，已不能适应这种客观现实；加上建筑物往往要在很短时期内竣工使用，难以由匠师一身二任，客观上需要更为细致的社会分工，这就促使建筑设计逐渐形成专业，成为一门独立的分支学科。

古希腊建筑

建筑风格 〉

　　建筑风格因受不同时代的政治、社会、经济、建筑材料和建筑技术等的制约以及建筑设计思想、观点和艺术素养等的影响而有所不同。如外国建筑史中古希腊、古罗马有多立克柱式、爱奥尼克柱式和科林斯柱式等代表性建筑风格；中古时代有哥特式建筑的建筑风格；文艺复兴后期有运用矫揉奇异手法的巴洛克式等建筑风格。我国古代宫殿建筑，其平面严谨对称，主次分明，砖墙木梁架结构飞檐、斗拱、藻井和雕梁画栋等形成中国特有的、建筑风格。

讲故事的建筑

⊠ 按地域分

中国风格、日本风格、新加坡风格、英国风格、法国风格、美国风格等。

常用一个地区概括，如欧陆风格、欧美风格、地中海式风格、澳洲风格、非洲风格、拉丁美洲风格等。

⊠ 按建筑物的类型分

住宅建筑风格；别墅建筑风格；写字楼建筑风格；商业建筑风格；宗教建筑风格；其他公共（学校、博物馆、政府办公大楼）建筑风格等。

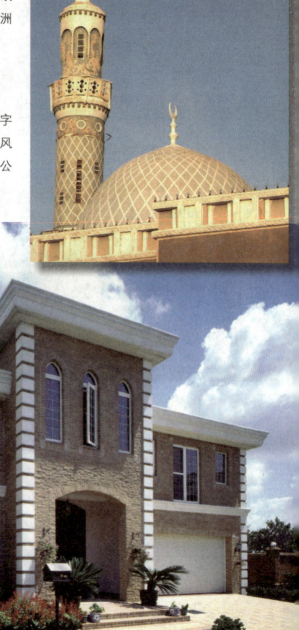

穆斯林建筑

别墅建筑

10

按照历史发展流派分

1. 古希腊建筑风格，约公元前 800 年至公元 300 年。

2. 古罗马建筑风格，约公元前 300 年至公元 365 年，罗马建筑风格正是欧洲建筑艺术的重要渊源。

3. 欧洲中世纪建筑风格，公元 400 年至 1400 年，封建领主经济占统治地位，城堡式建筑盛行。

4. 文艺复兴建筑风格，公元 1420 至 1550 年，建筑从经验走向科学化，不断冲破学院式、城堡式的封闭。

以上四类可称为古典主义建筑风格。

5. 新古典主义建筑风格。这一风格曾三度出现，最早一次是 1750~1880 年，它是欧洲古典主义的最后一个阶段，其特点是体量宏伟，柱式运用严谨，而且很少用装饰。另一次出现在 1900~1920 年，带有一定的复古特征。第三次出现在 1982 年，其主要特征是把古典主义和现代主义结合起来，并加入新形势，这一风格在当今世界各国颇为流行。

6. 现代评论风格，1960~1975 年。缘自西方 20 世纪 60 年代兴起的"现代艺术运动"它是运用新材料、新技术，建造适应现代生活的建筑，外观宏伟壮观，很少使用装饰。

7. 后现代主义风格，亦称"后现代派"，1980 年开始出现。这一风格的建筑在建筑设计中重新引进了装饰花纹和色彩，以折中的方式借鉴不同时期具有历史意义的局部，但不复古。

文艺复兴建筑

⊠ 按建筑方式来分

⊠ 哥特式建筑风格

盛行于 12 世纪 ~15 世纪，1140 年左右产生于法国的欧洲建筑风格以宗教建筑为多，最主要的特点是高耸的尖塔，超人的尺度和繁缛的装饰，形成统一向上的旋律。整体风格为高耸削瘦，以卓越的建筑技艺表现了神秘、哀婉、高耸的强烈情感，对后世其他艺术均有重大影响。

⊠ 巴洛克建筑风格

1600~1760 年，17 世纪起源于意大利的罗马，后传至德、奥、法、英、西葡，直至拉丁美洲的殖民地。17~18 世纪在意大利文艺复兴建筑基础上发展起来的一种建筑和装饰风格。其特点是外形自由，追求动态，喜好富丽的装饰和雕刻、强烈的色彩，常用穿插的曲面和椭圆形空间。它是几乎最为讲究华丽、装饰的一种建筑风格，即使过于繁琐也要刻意追求。它能用直观的感召力给教堂、府邸的使用者以震撼，而这正是天主教教会的用意（让更多的信徒皈依）。

⊠ 洛可可建筑风格

1750~1790 年，主要起源于法国，代表了巴洛克风格的最后阶段，主要特点是大量运用半抽象题材的装饰。洛可可风格的基本特点是纤弱娇媚、华

哥特式

丽精巧、甜腻温柔、纷繁琐细。

⊠ 园林风格

从 20 世纪 70 年代开始流行，这种风格被当作概念炒作，其特点是通过环境规划和景观设计，栽植花草树木，提高绿化，并围绕建筑营造园林景观。

⊠ 概念式风格

上世纪 90 年代开始在国际上流行，其实是一种模型建筑，它更多的来源于人的想象，力求摆脱对建筑本身限制和约束，而创造出一种个性化色彩很强的建筑风格。

⊠ 法国的建筑风格

11世纪下半叶，哥特式建筑首先在法国兴起。当时法国一些教堂已经出现肋架拱顶和飞扶壁的雏形。一般认为第一座真正的哥特式教堂是巴黎郊区的圣但尼教堂。这座教堂四尖券巧妙地解决了各拱间的肋架拱顶结构问题，有大面积的彩色玻璃窗，为以后许多教堂所效法。

法国哥特式教堂平面虽然是拉丁十字形，但横翼突出很少。西面是正门入口，东头环殿内有环廊，许多小礼拜室呈放射状排列。教堂内部特别是中厅高耸，有大片彩色玻璃宙。其外观上的显著特点是有许多大大小小的尖塔和尖顶，西边高大的钟楼上有的也砌尖顶。平面十字交叉处的屋顶上有一座很高的尖塔，扶壁和墙垛上也都有玲珑的尖顶，窗户细高，整个教堂向上的动势很强，雕刻极其丰富。

西立面是建筑的重点，典型构图是：两边一对高高的钟楼，下面由横向券廊水平联系，三座大门由层层后退的尖券组成透视门，券面满布雕像。正门上面有一个大圆宙，称为玫瑰窗，雕刻精巧华丽。法国早期哥特式教堂的代表作是巴黎圣母院。

⊠ 英国的建筑风格

英国的哥特式建筑出现的比法国稍晚，流行于 12~16 世纪。英国教堂不像法国教堂那样矗立于拥挤的城市中心，力求高大，控制城市，而是往往位于开阔的乡村环境中，作为复杂的修道院建筑群的一部分，比较低矮，与修道院一起沿水流方向伸展。它们不像法国教堂那样重视结构技术，但装饰更自由多样。英国教堂的工期一般都很长，其间不断改建、加建，很难找到整体风格统一的。

英国的索尔兹伯里主教堂和法国亚眠大教堂的建造年代接近，中厅较矮较深，两侧各有一侧厅，横翼突出较多，而且有一个较短的后横翼，可以容纳更多的教士，这是英国常见的布局手法。教堂的正面也在西边。东头多以方厅结束，很少用环殿。索尔兹伯里教堂虽然有飞扶壁，但并不显著。

英国教堂在平面十字交叉处的尖塔往往很高，成为构图中心，西面的钟塔退居次要地位。索尔兹伯里教堂的中心尖塔高约 123 米，是英国教堂中最高的。这座教堂外观有英国特点，但内部仍然是法国风格，装饰简单。后来的教堂内部则有较强的英国风格。约克教堂的西面窗花复杂，窗棂由许多曲线组成生动的图案。这时期的拱顶肋架丰富，埃克塞特教堂的肋架像大树张开的树枝一般，非常有力，还采用由许多圆柱组成的束柱。

英国哥特时期的世俗建筑成就很高。在哥特式建筑流行的早期，封建主的城堡有很强的防卫性，城墙很厚，有许多塔楼和碉堡，墙内还有高高的核堡。15 世纪以后，王权进一步巩固，城堡的外墙开了窗户，并更多地考虑居住的舒适性。英国居民的半木构式住宅以木柱和木横档作为构架，加有装饰图案，深色的木梁柱与白墙相间，外观活泼。

⊠ 北美的建筑风格

　　美国是一个移民国家，几乎世界各主要民族的后裔都有，带来了各种各样建筑风格，其中尤其受英国、法国、德国、西班牙以及美国各地区原来传统文化的影响较大。它们互相影响、互相融合，并且随着经济实力的进一步增强，适应各种新功能的住宅形式纷纷出现，各种绚丽多姿的住宅建筑风格应运而生。因此美国的建筑风格呈现出丰富多彩的国际化倾向。美国的建筑，尤其是住宅，是集当今世界住宅建筑精华之大成后，又融合了美国人自由、活泼、善于创新等等一些人文元素，使得其住宅成为国际上最先进、最人性化、最富创意的住宅。

　　北美风格就是一种混合风格，不像欧洲的建筑风格是一步步逐渐发展演变而来的，它在同一时期接受了许多种成熟的建筑风格，而相互之间又有融合和影响。

讲故事的建筑

☒ 西班牙的建筑风格

现代主义建筑运动的发展，是以工业革命后的工业化为前提的，西班牙作为欧洲最早脱离中世纪的国家，所掀起的航海运动导致了新大陆的发现，并直接促进了工业革命的发生。加泰罗尼亚地区是西班牙境内最早有现代建筑运动的萌芽地区，其中的巴塞罗那建筑和高迪建筑成为了西班牙建筑风格的主要组成部分。

从1830年起，西班牙的加泰罗尼亚地区就开始了工业化道路；到1880年，巴塞罗那已经成为西班牙工商业重镇；并于1888年成功地举办了世界博览会，树立了它的国际地位。在这样的工业化城市中，现代建筑的萌发是必然的。因此，加泰罗尼亚建筑多半集中在巴塞罗那。在这一时期，巴塞罗那形成了很鲜明的建筑风格。主要有两个特点：一是这些建筑仿佛从传统的古典形式中走来，但是少了繁琐，具有建筑形式趋于简化、注意应用新技术的现代派建筑特征；二是按照西班牙的传统，建筑物的装饰及雕塑成分和建筑结构同等重要。

西班牙托雷多

建筑艺术巧鉴赏 〉

　　建筑是实用价值与审美价值、工程技术手段与艺术手段紧密结合的美术门类。建筑艺术体现为城乡建筑环境、各种类型房屋、陵墓、园林、建筑小品和某些纪念性建筑及其他建筑设施的总体和个别设计、风格、艺术价值,也指建筑作为一门艺术的形式和手法。建筑艺术主要是通过空间实体的造型和结构安排、各门相关艺术的结合、同自然环境的关系等发挥审美功能,也通过合理的实用功能和先进的技术手段显示其艺术水平。建筑的造型主要是由几何形的线、面、体组成,除了其中包含的形式美法则给人以感官的愉快外,还可以运用象征的手法表现某种特定的具体内容,特别是纪念性建筑,往往都有特定的象征主题。

⊠ 建筑的实用价值

建筑的物质功能性是指建筑的实用性、群众性、耐久性。所谓实用性，即是说，建筑的目的首先是为了"用"，而不是为了"看"。即使是纪念碑、陵墓也要考虑举行纪念仪式时人流活动的具体要求。其他各类艺术，美可以是唯一目的或主要目的，而建筑却必须和实用联系在一起。建筑的实用性特点，影响着人们的审美观。建筑物对人类生活的功能好坏，往往决定着人们观感的美与丑，因而建筑的审美意义有赖于实用意义。不管你自觉还是不自觉，有兴趣还是无兴趣，都会经常面临着各种类型、不同形式的建筑物，这些建筑都会"逼迫"人们提出自己的审美评价。建筑的物质功能性另一表现是它的耐久性。建筑是巨大的、造价可观的物质实体，一旦建成，除非地震、火灾和战争破坏，它都会长期保留下去，很难被人遗忘或丢失，事实上成了一个时代、一个民族的纪念碑。建筑的物质功能性决定了建筑物具有纪念性。比如希腊的神庙、罗马的广场、巴黎的铁塔、中国的万里长城、非洲的原始村落，还有数不清的古城市、古村镇，当初并不是为了纪念而专门建筑的，但是到了后来，却成了纪念性很强的遗迹，成为人们欣赏的历史文化了。

⊠ 建筑的审美特性

建筑同工艺一样是从实用的基础上发展起来的，但仅有实用又是不够的，还要满足人们的审美需要，还要讲究艺术性。比如，住宅建筑最基本的要求是舒适、亲切、顺眼；园林建筑讲究清新、自然、雅致；游乐场所的建筑则应轻快、活泼；而纪念性的建筑则应崇高、庄严。实用功能性与审美功能性紧密地结合在一起，达到了和谐的统一。同时，建筑的审美功能，往往借助于其他艺术门类给予加强，有的还能起到画龙点睛的作用。雕塑、绘画（主要是壁画）、园艺、工艺美术以至音乐都能融合到建筑艺术中去。比如欧洲古典建筑中的雕刻、壁画就是当时建筑艺术重要的组成部分，如果去掉了这些东西，那么这些建筑也就黯然失色了。再比如，中国的古代建筑是群体取胜，造成群体序列的性格和序列展开的效果，也往往要依靠这些附属的艺术，如华表、石狮、灯炉、屏障、碑碣等，单独的古建筑也常用壁画、匾联、碑刻、雕塑来加以说明。从这个意义上，也说明了建筑具有一定的艺术综合性，具有鲜明的审美功能性。

▣ 建筑的空间审美

　　建筑是个空间环境，它要占据一定长、宽、高的位置。那么，我们在一定的视点上，不可能一下子看到全体，只能看到它的一部分面。比如，看一座坡顶的房子，在室外我们只看到 3 个面。如在室内，我们最多也只能看到它的 5 个面。我们要想看到全部的面，就要移动自己，才能陆续地把所有的面看完。即是说，人们在任何一点上欣赏建筑，感觉都是不完整的，只有在各个位置，从远而近，从外而内，从上到下，从前而后，围绕建筑走遍，才能获得完整的感觉。如果是一个建筑群体，那就更复杂，更需我们不断地变换观赏位置。人们就是在这种位置的不断变换中，也就是空间的不断延续中获得了审美感受。正因为建筑具有空间延续性，它的艺术形象才永远和周围的环境融为一体，有的甚至还主要靠环境才能构成完美的形象。

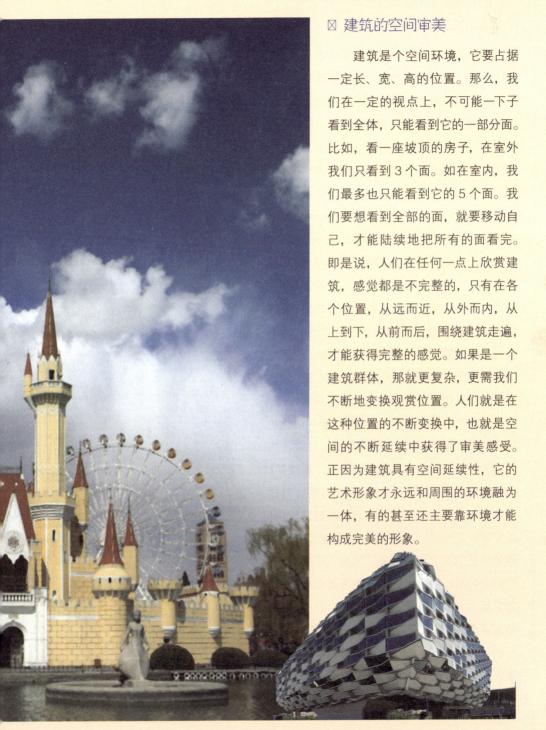

⊠ 建筑的抽象性与象征性

　　建筑艺术在空间里塑造的永远是正面的抽象的形象。说它是正面的，是因为建筑所反映的社会生活只能为一般的，而不可能出现什么悲剧式的、颓废式的、讽刺式的、伤感式的、漫画式的形象。就建筑形象本身而言，也分不出什么进步的或落后的，革命的或反动的。天安门过去是封建王朝的正门，今天却是国徽上的图案，是伟大祖国的象征。万里长城本来是民族交往的障碍，是刀光剑影的战争产物，现在却成了全体中华民族的骄傲，是闻名世界的游览胜地。同时，它塑造的这个正面形象又是抽象的。是由几何形的线、面、体组成的一种物质实体，是通过空间组合、色彩、质感、体形、尺度、比例等建筑艺术语言造成的一种意境、气氛，庄严，活泼，华美，朴实，凝重，轻快，引起人们的共鸣与联想。人们很难具体描述一个建筑形象的具体情节内容。所表现的时代的、民族的精神也是不明确、不具体的，是空泛的、蒙胧的。它不可能也不必要像绘画、雕塑那样细腻地描摹，再现现实；更不能像小说、戏剧、电影那样表达复杂的思想内容，反映广阔的生活图景。正因如此，建筑艺术常用象征、隐喻、模拟等艺术手法塑造形象。比如，巴黎戴高乐广场上的凯旋门，建造的初衷是象征拿破仑一世军威、强权、傲世的特点。北京的天坛公园的双环亭、南京天王府的双亭，则象征了亲密无间的挚友关系。由此可见，建筑艺术的正面抽象性和象征表现性构成了它的又一审美特征。

● 中西建筑大不同

中西方古典建筑艺术的对比 〉

中国古代的传统建筑自汉唐以来，已逐步积累了不少的建造经验，形成了中国特有的建筑艺术风格。尤其是到了宋代，官方编修了《营造法式》一书，使那些宫殿、寺庙、衙署等正统的建筑设计建造形成了制度，因此人们便把中国这种古代典范的正统建筑称为中国古典建筑。

▢ 建筑造型方面

　　中国古典建筑的屋面一般都做有明显的曲线，屋顶上部坡度较陡，下部较平缓，这样既便于雨水排泄，又有利于日照与通风。在歇山顶与庑殿顶的建筑中，屋檐都有意做成微微地向两侧升高，特别是屋角部分做成明显的起翘，形成翼角如飞的意境。对比西方古典建筑的典型实例帕特农神庙，它的檐部则是做成中央微微凸起的曲线，正好与中国古典建筑屋檐曲线相反。西方这种凸曲线产生了一种挺拔平整的艺术效果。西方古典建筑柱式有明显的收分和卷杀，希腊古典建筑的柱子还有侧脚和角柱加粗的手法；对比中国古典建筑，尤其是唐宋时期的正统建筑柱子的卷杀与侧脚也极常见，这反映了对审美手法的共同性，只是柱子由于材料的不同而在比例上有所不同。

25

⊠ 结构材料方面

由于西方古典建筑大多采用砖石结构体系，以致门窗面积相对较小，承重结构以墙体为主，形成了较为沉重雄伟的印象；而中国古典建筑是以木结构作为承重体系的，因此墙体不起承重作用，只有围护功能，这样门窗可以开得很大，甚至可以在正面和背面全部做成门窗，以取得轻快华美的效果。

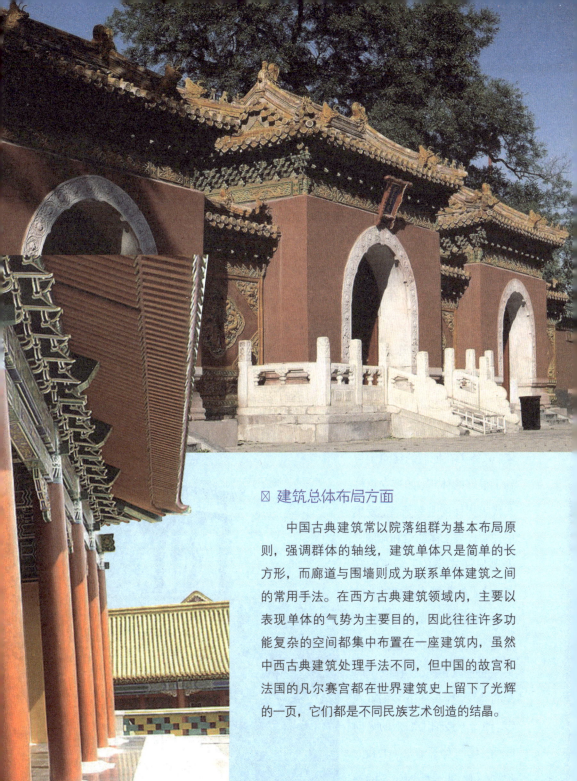

⊠ 建筑总体布局方面

中国古典建筑常以院落组群为基本布局原则，强调群体的轴线，建筑单体只是简单的长方形，而廊道与围墙则成为联系单体建筑之间的常用手法。在西方古典建筑领域内，主要以表现单体的气势为主要目的，因此往往许多功能复杂的空间都集中布置在一座建筑内，虽然中西古典建筑处理手法不同，但中国的故宫和法国的凡尔赛宫都在世界建筑史上留下了光辉的一页，它们都是不同民族艺术创造的结晶。

中西方建筑文化的对比 ＞

中西方的建筑有一些根源上的差异，在这里，以希腊为西方的代表。

第一个差异，希腊的建筑是感性的，对造型艺术和形式美有着极致的追求。而中国的建筑受伦理思想影响得很深。中国古代的建筑高度强调美与善的统一，强调建筑艺术在伦理道德上的作用。

古希腊建筑追求造型艺术，每个建筑就如一个雕塑品。他们追求和谐，并认为人体是世界上最和谐、最美的形体。人体美在他们的建筑上得到了很好的体现，如多立克柱式代表男体的刚毅雄伟，爱奥尼柱式代表女体的柔和端丽。爱奥尼柱式模仿了女子的窈窕。柱子的粗细为高度的八分之一，显得十分高挑。在柱下部安上状如靴子的凸线脚，柱头左右垂以卷蔓，仿佛女子时尚的卷发，柱头颈下装饰着花带，柱身上镂刻出细密的纵向凹槽，犹如女子细密、柔和的衣褶一般。古希腊的建筑的确

是独一无二的雕塑品。

与希腊人追求形式美、造型美、雕塑感的倾向相反，中国人不求外在形式的美感，而是认为建筑是生活、思考、养德的地方，应以伦理为重点。中国古代建筑的审美特征是高度强调美与善的统一，强调建筑艺术在伦理道德上的作

28

用。

群体和谐的思想是中国建筑美学的特征，也正是中国建筑的独特理念。因此中国建筑以向水平方向发展为主，极力削弱个体建筑的突出。这种形式的布局，不是以单体建筑的造型取胜，而是以群体的对称、呼应、错落有序形成整体气势。

中国人有着令人惊讶的对建筑群体的驾驭能力。

中国建筑的群体和谐中，以儒家的"礼"的思想为特色。"礼"是一种划分人与人之间差异区别的标准，因此，建筑中有着鲜明的主次表达。不同级别的建筑有着与自身级别相应的位置、形式、色彩、屋顶样式等等。这也正体现了中国建筑的伦理观念。如故宫，所有的建筑按着一定的礼序排列组合，显示出了磅礴的气势。

第二个差异是西方的民主精神和中国的专制等级思想。

在古希腊建筑中，大型建筑往往依地势而建，并不强调中轴对称和等级思想。如雅典的建筑卫城中，建筑物的安排顺应地势，布局方式自由活泼，给人的感觉是生机勃勃多于庄严肃穆。

而中国古代建筑中，有着壁垒森严

比萨大教堂内部

的等级制度，从建筑的布局方位、形体大小、结构构件、建筑装饰、建筑材料到城市大小、道路宽度等等，处处凝聚着强烈的等级规范。甚至还有相关法律规定。

第三个差异是西方建筑神秘的宗教色彩和中国调和的现实主义。西方人相信神灵，对宗教有一种极度的虔诚。而中国人相信自己的命运掌握在自己的手中，安分守己就会平安，犯错就会受惩罚。中国人都很现实，不会过分信仰神灵，而是安安稳稳过日子，与现实相协调。就算是中国古代的宗教建筑也有着相当强烈的世俗色彩。

西方对宗教建筑极为重视，在古建筑中宗教建筑往往代表着那个时代建筑的最高水平。设计师们使用垂直发展的空间序列和挺拔向上的形式，来表达人们对神的崇拜以及对天国的热切向往和痴迷。西方人不像中国人重视世俗皇权，而是重视自己心灵中的神，用最好的材料、最好的技术来建造一座座名垂千古的神庙和教堂。

此外，建筑师往往在宗教建筑里利用光影营造出浓郁的神秘气氛，无论是帕特农神庙，还是万神庙和基督教的教堂，它们的内部空间都具有某种神秘的感召力量，将置身其中的人们的精神引向缥缈的远方。

瓦的使用历史

瓦的发明是西周在建筑上的突出成就，使西周建筑从"茅茨土阶"的简陋状态进入了比较高级的阶段。西周早期，如陕西岐山凤雏村中使用的瓦还比较少，仅用于屋脊、天沟和屋檐等处。到了西周中晚期，瓦的数量就比较多了，质量也有所提高，如陕西扶风召陈遗址。另外，在这两个遗址中，还出土了铺地方砖。

春秋时期，瓦（筒瓦、板瓦等）已经开始普遍使用，作为诸侯宫室用的高台建筑（即台榭）也已经出现。另外，此时已经开始有了用砖的历史。战国时期，高台建筑盛行。瓦在宫殿建筑上已被广泛使用，装饰用的砖也出现了。

汉朝时砖、瓦被大量、普遍使用。

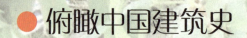

● 俯瞰中国建筑史

1840年鸦片战争爆发到1949年新中国成立，中国建筑呈现出中西交汇、风格多样的特点。这一时期，传统的中国旧建筑体系仍然占据数量上的优势，但戏园、酒楼、客栈等娱乐业、服务业建筑和百货、商场、菜市场等商业建筑，普遍突破了传统的建筑格局，扩大了人际活动空间，树立起中西合璧的洋式店面；西方建筑风格也呈现在中国的建筑活动中，在上海、天津、青岛、哈尔滨等租界城市，出现了外国领事馆、洋行、银行、饭店、俱乐部舞厅等外来建筑。这一时期也出现了近代民族建筑，这类建筑较好地取得了新功能、新技术、新造型与民族风格的统一。

1949年中华人民共和国建立后，中国建筑进入新的历史时期，大规模、有计划的国民经济建设，推动了建筑业的蓬勃发展。中国现代建筑在数量、规模、类型、地区分布及现代化水平上都突破近代的局限，展现出崭新的姿态。这一时期的中国建筑经历了以局部应用大屋顶为主要特征的复古风格时期、以国庆工程十大建筑为代表的社会主义建筑新风格时期、集现代设计方法和民族意蕴为一体的广州风格时期，自上世纪80年代以来，中国建筑逐步趋向开放、兼容，中国现代建筑开始向多元化发展。

33

封建社会 〉

经过长期的封建社会，中国古代建筑逐步形成了一种成熟的、独特的体系，在城市规划、建筑群、园林、民居、建筑空间处理、建筑艺术与材料结构的和谐统一、设计方法、施工技术等方面，都有卓越的创造与贡献。直到今天，这些方面仍可供我们创造现代化而又民族化的建筑参考和借鉴。

JIANG GUSHI DE JI

佛光寺大殿

図 唐代建筑

唐代（公元 618~907 年）是中国封建社会经济文化发展的高潮时期，建筑技术和艺术也有巨大发展。唐代建筑的风格特点是气魄宏伟，严整开朗。

唐代建筑规模宏大，规划严整，中国建筑群的整体规划在这一时期日趋成熟。唐都长安（今西安）和东都洛阳都修建了规模巨大的宫殿、苑囿、官署，且建筑布局也更加规范合理。长安是当时世界上最宏大的城市，其规划也是中国古代都城中最为严整的，长安城内的帝王宫殿大明宫极为雄伟，其遗址范围即相当于清明故宫紫禁城总面积的 3 倍多。

唐代的木建筑实现了艺术加工与结构造型的统一，包括斗拱、柱子、房梁等在内的建筑构件均体现了力与美的完美结合。唐代建筑舒展朴实，庄重大方，色调简洁明快。山西省五台山的佛光寺大殿是典型的唐代建筑，体现了上述特点。

此外，唐代的砖石建筑也得到了进一步发展，佛塔大多采用砖石建造。包括西安大雁塔、小雁塔和大理千寻塔在内的中国现存唐塔均为砖石塔。

讲故事的建筑

⊠ 宋代建筑

宋代（公元960~1279年）是中国古代政治、军事上较为衰落的朝代，但在经济、手工业和商业方面都有发展，科学技术更有很大进步，这使得宋代的建筑水平达到了新的高度。这一时期的建筑一改唐代雄浑的特点，变得纤巧秀丽、注重装饰。

宋代的城市形成了临街设店、按行成街的布局，城市消防、交通运输、商店、桥梁等建筑都有了新发展。北宋都城汴梁（今河南开封）完全呈现出一座商业城市的面貌。这一时期，中国各地也已不再兴建规模巨大的建筑了，只在建筑组合方面加强了进深方向的空间层次，以衬托主体建筑，并大力发展建筑装修与色彩。位于山西省太原市晋祠内的正殿及鱼沼飞梁即是典型的宋代建筑。

宋代砖石建筑的水平不断提高，这时的砖石建筑主要是佛塔和桥梁。浙江杭州灵隐寺塔、河南开封繁塔及河北赵县的永通桥等均是宋代砖石建筑的典范。

宋代，中国经济社会得到了一定程度的发展，注重意境的园林在这一时期开始兴起。中国古典园林重在写意，融自然美与人工美于一体，以建筑和人工建造的家用山水、岩壑、花木等一同表现某种艺术境界。较有代表性的宋代园林包括苏舜钦的沧浪亭和司马光的独乐园。

宋代颁行了有关建筑设计和施工规范的书《营造法式》，这是一部完善的建筑技术专著。此书的颁行反映了这一时期中国建筑在工程技术与施工管理方面已达到新的水平。

沧浪亭

⊠ 元代建筑

元代（公元 1206~1368 年）
的中国是一个由蒙古统治者建立
的疆域广大的军事帝国，但这一
时期中国经济、文化发展缓慢，
建筑发展也基本处于凋敝状态，
大部分建筑简单粗糙。

元代的都城大都（今北京北
部）规模宏大且形制得以沿续，
明清两朝皇城——北京的规模就
是这一时期创建的。留存至今的
元代太掖池万岁山（今北京北海
琼岛）也是元代的盛景。

由于元朝统治者崇信宗教，
尤其是藏传佛教，这一时期的宗
教建筑异常兴盛。北京的妙应寺
白塔就是一座由尼泊尔工匠设计
建造的喇嘛塔。

⊠ 明代建筑

　　明代（公元 1368~1644 年）开始，中国进入了封建社会晚期。这一时期的建筑样式，大都继承于宋代而无显著变化，但建筑设计规划以规模宏大、气象雄伟为主要特点。

　　这一时期的城市规划和宫殿建筑均为后世所沿用：都城北京和中国现存规模最大的古城南京均得益于明代的规划和经营，清代帝王的宫殿也是在明宫殿的基础上不断扩展完善而来的。这一时期的都城北京是在原有基础上改建的，建后分为外城、内城和皇城三部分。

　　明代继续大力修筑宏伟的防御建筑——长城，长城许多重要段落的墙体和城关堡寨都用砖砌，建筑水平达到最高。明长城东起鸭绿江边，西至甘肃嘉峪关，长达 5660 千米。山海关、嘉峪关等著名关城，是中国建筑艺术中独具风格的杰作；北京八达岭段长城、司马台段长城等还有较高的艺术价值。

　　这一时期，建筑方面进一步发展了木构架艺术、技术，官式建筑形象较为严谨稳重，其装修、彩画、装饰日趋定型化；装修陈设上也留下许多砖石、琉璃、硬木等不同材质的作品，砖已普遍用于民居砌墙。

　　明代，中国建筑群的布置更为成熟。南京明孝陵和北京十三陵是善于利用地形和环境形成陵墓肃穆气氛的杰出实例。

　　此外，此时江南官僚地主的私家园林建设非常发达，明式家具也闻名世界。

　　值得一提的是，风水术在明代已达极盛时期，这一中国建筑史上特有的古代文化现象，影响一直延续到近代。

山海关

⊠ 清代建筑

清代（公元 1616~1911 年）是中国最后一个封建王朝，这一时期的建筑大体因袭明代传统，但也有发展和创新，建筑物更崇尚工巧华丽。

清代的都城北京城基本保持了明朝时的原状，城内共有 20 座高大、雄伟的城门，气势最为磅礴的是内城的正阳门。沿用了明代的帝王宫殿，清代帝王兴建了大规模的皇家园林，这些园林建筑是清代建筑的精华，其中包括华美的圆明园与颐和园。

在清代建筑群实例中，群体布置与装修设计水平已达成熟。尤其是园林建筑，在结合地形或空间进行处理、变化造型等方面都有很高的水平。

这一时期，建筑技艺仍有所创新，主要表现在玻璃的引进使用及砖石建筑的进步等方面。这一时期，中国的民居建筑丰富多彩，灵活多样的自由式建筑较多。

风格独特的藏传佛教建筑在这一时期兴盛。这些佛寺造型多样，打破了原有寺庙建筑传统单一的程式化处理，创造了丰富多彩的建筑形式，以北京雍和宫和承德兴建的一批藏传佛教寺庙为代表。

清代晚期，中国还出现了部分中西合璧的新建筑形象。

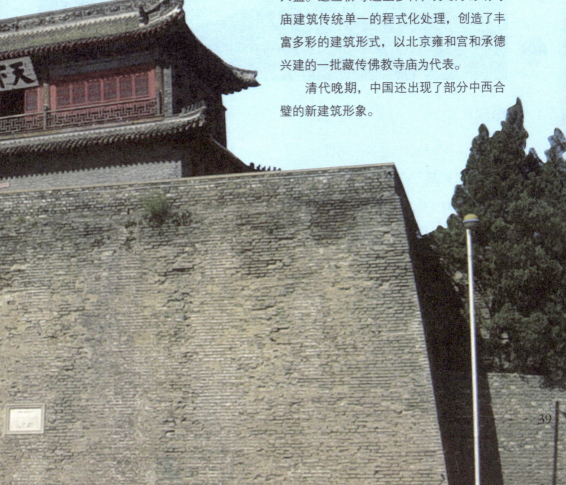

北京四合院

中国民居 >

　　中国各地的居住建筑，又称民居。居住建筑是最基本的建筑类型，是出现最早，分布最广，数量最多的建筑群落。由于中国各地区的自然环境和人文情况不同，各地民居也显现出多样化的面貌。

　　中国汉族地区传统民居的主流是规整式住宅，以采取中轴对称方式布局的北京四合院为典型代表。北京四合院分前后两院，居中的正房体制最为尊崇，是举行家庭礼仪、接见尊贵宾客的地方，各幢房屋朝向院内，以游廊相连接。北京四

合院虽是中国封建社会宗法观念和家庭制度在居住建筑上的具体表现，但庭院方阔，尺度合宜，宁静亲切，花木井然，是十分理想的室外生活空间。华北、东北地区的民居大多是这种宽敞的庭院。

　　随着经济的不断繁荣，人民的生活水平不断提高，加之区域文化的不断交融，传统的民居建筑风格将被打破，中国的民居建筑群落将呈多元化发展。

　　中国南方的住宅较紧凑，多楼房，其典型的住宅是以小面积长方形天井为中

心的堂屋。这种住宅外观方正如印，且朴素简洁，在南方各省分布很广。

在闽南、粤北和桂北的客家人常居住大型集团住宅，其平面有圆有方，由中心部位的单层建筑厅堂和周围的四五层楼房组成，这种建筑的防御性很强，以福建永定县客家土楼为代表。在中国的传统住宅中，永定的客家土楼独具特色，有方形、圆形、八角形和椭圆形等形状的土楼共有8000余座，规模大，造型美，既科学实用，又有特色，构成了一个奇妙的民居世界。

福建土楼用当地的生土、砂石、木片建成单屋，继而连成大屋，进而垒起厚重封闭的"抵御性"的城堡式建筑住宅——土楼。土楼具有坚固性、安全性、封闭性和强烈的宗族特性。楼内凿有水井，备有粮仓，如遇战乱、匪盗，大门一关，自成一体，万一被围也可数月之内粮水不断。加上冬暖夏凉、防震抗风的特点，土楼成了客家人代代相袭，繁衍生息的住宅。

客家土楼

少数民族居住建筑 ＞

　　中国少数民族地区的居住建筑也很多样,如西北部新疆维吾尔族住宅多为平顶,土墙,1~3层,外面围有院落;藏族典型民居"碉房"则用石块砌筑外墙,内部为木结构平顶;蒙古族通常居住于可移动的蒙古包内;而西南各少数民族常依山面水建造木结构干栏式楼房,楼下空敞,楼上住人,其中云南傣族的竹楼最有特色。中国西南地区民居以苗族、土家族的吊脚楼最具特色。吊脚楼通常建造在斜坡上,没有地基,以柱子支撑建筑,楼分2层或3层,最上层很矮,只放粮食不住人,楼下堆放杂物或圈养牲畜。

　　中国地域宽广、民族较多,各地民居

傣族竹楼

窑洞

的形式、结构、装饰艺术、色调等各具特点。在此，主要介绍一下个性鲜明的北方窑洞和古城内的民居。

中国北方黄河中上游地区窑洞式住宅较多，在陕西、甘肃、河南、山西等黄土地区，当地居民在天然土壁内开凿横洞，并常将数洞相连，在洞内加砌砖石，建造窑洞。窑洞防火，防噪音，冬暖夏凉，节省土地，经济省工，将自然图景和生活图景有机结合，是因地制宜的完美建筑形式，渗透着人们对黄土地的热爱和眷恋。

此外，中国还有保存较完好的古城，这些古城内均有大量的古代民居。其中，山西平遥古城和云南丽江古城均在1998年被列入《世界遗产名录》。

平遥古城是现存最为完整的明清古县城，是中国汉民族中原地区古县城的典型代表。迄今为止，这座城市的城墙、街道、民居、店铺、庙宇等建筑仍然基本完好，其建筑格局与风貌特色大体未动。平遥是研究中国政治、经济、文化、军事、建筑、艺术等方面历史发展的活标本。

43

园林建筑 〉

中国的园林建筑历史悠久，在世界园林史上享有盛名。在3000多年前的周朝，中国就有了最早的宫廷园林。此后，中国的都城和地方著名城市无不建造园林，中国城市园林丰富多彩，在世界三大园林体系中占有光辉的地位。

以山水为主的中国园林风格独特，其布局灵活多变，将人工美与自然美融为一体，形成巧夺天工的奇异效果。这些园林建筑源于自然而高于自然，隐建筑物于山水之中，将自然美提升到更高的境界。

中国园林建筑包括宏大的皇家园林和精巧的私家园林，这些建筑将山水地形、花草树木、庭院、廊桥及楹联匾额等精巧布设，使得山石流水处处生情，意境无穷。中国园林的境界大体分为治世境界、神仙境界、自然境界三种。

中国儒学中讲求实际、有高度的社

会责任感、重视道德伦理价值和政治意义的思想反映到园林造景上就是治世境界，这一境界多见于皇家园林，著名的皇家园林圆明园中约一半的景点体现了这种境界。

神仙境界是指在建造园林时以浪漫主义为审美观，注重表现中国道家思想中讲求自然恬淡和修养身心的内容，这一境界在皇家园林与寺庙园林中均有所反映，例如圆明园中的蓬岛瑶台、四川青城山的古常道观、湖北武当山的南岩宫等。

自然境界重在写意，注重表现园林所有者的情思，这一境界大多反映在文人园林之中，如宋代苏舜钦的沧浪亭、司马光的独乐园等。

中西园林的不同之处在于：西方园林讲求几何数学原则、以建筑为主；中国园林则以自然景观和观者的美好感受为主，更注重天人合一。

圆明园遗址

太和殿

宫殿建筑 >

宫殿建筑又称宫廷建筑，是皇帝为了巩固自己的统治，突出皇权的威严，满足精神生活和物质生活的享受而建造的规模巨大、气势雄伟的建筑物。这些建筑大都金玉交辉、巍峨壮观。

从秦朝开始，"宫"成为皇帝及皇族居住的地方，宫殿则成为皇帝处理朝政的地方。中国宫殿建筑的规模在以后的岁月里不断加大，其典型特征是斗拱硕大，以金黄色的琉璃瓦铺顶，有绚丽的彩画、雕镂细腻的天花藻井、汉白玉台基、栏板、梁柱，以及周围的建筑小品。北京故宫太和殿就是典型的宫殿建筑。

为了体现皇权的至高无上，表现以皇权为核心的等级观念，中国古代宫殿建筑采取严格的中轴对称的布局方式：中轴线上的建筑高大华丽，轴线两侧的建筑相对低小简单。由于中国的礼制思想里包含着崇敬祖先、提倡孝道和重五谷、祭土地神的内容，中国宫殿的左前方通常设祖庙（也称太庙）供帝王祭拜祖先，右前方则设社稷坛供帝王祭祀土地神和粮食神（社为土地，稷为粮食），这种格局被称为"左祖右社"。古代宫殿建筑物自身也被分为两部分，即"前朝后寝"："前朝"是帝王上朝治政、举行大典之处，"后寝"是皇帝与后妃们居住生活的所在。

　　故宫分前后两部分，前一部分是皇帝举行重大典礼、发布命令的地方，主要建筑有太和殿、中和殿、保和殿。这些建筑都建在汉白玉砌成的8米高的台基上，远望犹如神话中的琼宫仙阙，建筑形象严肃、庄严、壮丽、雄伟，3三个大殿的内部均装饰得金碧辉煌。故宫的后一部分——"内廷"是皇帝处理政务和后妃们居住的地方，这一部分的主要建筑乾清宫、坤宁宫、御花园等都富有浓郁的生活气息，建筑多包括花园、书斋、亭榭、山石等，它们均自成院落。

　　由于朝代更迭及战乱，中国古代宫殿建筑留存下来的并不多，现存除北京故宫外，还有沈阳故宫及西安几处汉唐两代宫殿遗址。

故宫御花园一角

寺庙建筑 〉

庙是中国佛教建筑之一。起源于印度的寺庙建筑，从北魏开始在中国兴盛起来。这些建筑记载了中国封建社会文化的发展和宗教的兴衰，具有重要的历史价值和艺术价值。

中国古人在建筑格局上有很深的阴阳宇宙观和崇尚对称、秩序、稳定的审美心理。因此中国佛寺融合了中国特有的祭祀祖宗、天地的功能，仍然是平面方形、南北中轴线布局、对称稳重且整饬严谨的建筑群体。此外，园林式建筑格局的佛寺在中国也较普遍。这两种艺术格局使中国寺院既有典雅庄重的庙堂气氛，又极富自然情趣，且意境深远。

始建于汉朝的河南洛阳白马寺，是中国官方最早营建的佛寺。寺院呈长方形，占地约4万平方米。白马寺的兴建，有力地促进了佛教在中国及东亚、东南亚地区的发展。因此，白马寺至今仍是许多国家佛教徒朝拜的圣地。

山西省五台山是中国著名的佛教圣地，山上保存的古代佛教建筑多达58处，其中较著名的寺庙建筑包括建于唐朝的南禅寺和佛光寺。南禅寺是中国现存最早的有一座木结构寺庙建筑；佛光寺在建筑上荟萃了中国各个时期的建筑形式，寺内的建筑、塑像、壁画和墨迹被誉为"四绝"。

五台山龙泉寺108台阶及汉白玉牌楼

JIANG GUSHI DE JIANZHU

陵墓建筑 〉

陵墓建筑是中国古代建筑的重要组成部分，中国古人基于人死而灵魂不灭的观念，普遍重视丧葬，因此，无论任何阶层对陵墓皆精心构筑。在漫长的历史进程中，中国陵墓建筑得到了长足的发展，产生了举世罕见的、庞大的古代帝、后墓群；且在历史演变过程中，陵墓建筑逐步与绘画、书法、雕刻等诸艺术门派融为一体，成为反映多种艺术成就的综合体。

位于陕西省西安市骊山北麓的秦始皇陵是中国最著名的陵墓，建于2000多年前。被誉为"世界第八大奇迹"的秦始皇兵马俑就是守卫这座陵墓的"部队"。秦始皇兵马俑气势恢弘、雕塑和制作工艺高超，于1987年被列入《世界遗产名录》。世界遗产委员会曾这样评价：那些环绕在秦始皇陵墓周围的著名陶俑形态各异，连同他们的战马、战车和武器，都是现实主义的完美杰作，同时也保留了极高的历史价值。

陕西西安附近是中国帝王陵墓较为集中的地方，除了秦始皇陵外，还有西汉11个皇帝的陵墓，唐代18个皇帝的陵墓。其中汉武帝刘彻的茂陵是西汉皇陵中规模最大的一座，埋藏的宝物也最多；昭陵是唐太宗李世民的陵墓，陵园面积极大，园内还有17座功臣贵戚的陪葬墓，昭陵地上地下都是珍贵的文物，最负盛名的是唐代雕刻精品《六骏图》。

秦始皇兵马俑

《考工记》

　　《考工记》是中国春秋时期记述官营手工业各工种规范和制造工艺的文献。这部著作记述了齐国关于手工业各个工种的设计规范和制造工艺，书中保留有先秦大量的手工业生产技术、工艺美术资料，记载了一系列的生产管理和营建制度，一定程度上反映了当时的思想观念。

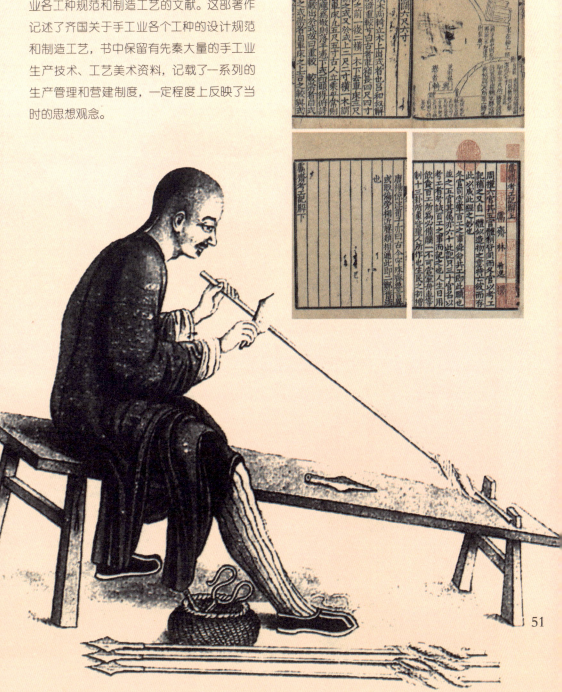

51

● 探秘世界绝美建筑

人类历史上最宏伟的建筑——胡夫金字塔 ＞

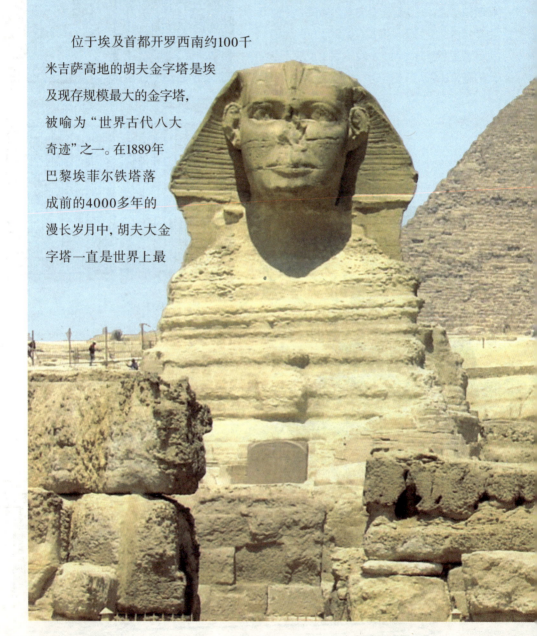

位于埃及首都开罗西南约100千米吉萨高地的胡夫金字塔是埃及现存规模最大的金字塔，被喻为"世界古代八大奇迹"之一。在1889年巴黎埃菲尔铁塔落成前的4000多年的漫长岁月中，胡夫大金字塔一直是世界上最

高的建筑物。

据一位名叫彼得的英国考古学者估计，胡夫大金字塔大约由230万块石块砌成，外层石块约

115 000块，平均每块重2.5吨，像一辆小汽车那样大，而大的甚至超过15吨。假如把这些石块凿成平均一立方英尺的小块，把它们沿赤道排成一行，其长度相当于赤道周长的2/3。据古希腊历史学家希罗多德的估算，修建胡夫金字塔一共用了20年时间，每年用工10万人。金字塔一方面体现了古埃及人民的智慧与创造力，另一方面也成为法老专制统治的见证。

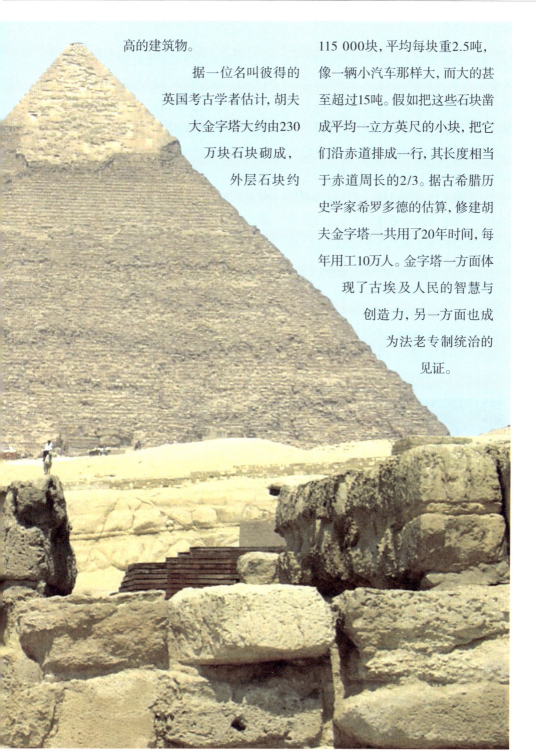

⊠ 结构简介

胡夫金字塔建于埃及第四王朝第二位法老胡夫统治时期（约公元前 2670 年），被认为是胡夫为自己修建的陵墓。在古埃及，每位法老从登基之日起，即着手为自己修筑陵墓，以求死后超度为神。胡夫大金字塔的 4 个斜面正对东、南、西、北四方，误差不超过圆弧的 3 分，底边原长 230 米，由于塔外层石灰石脱落，现在底边减短为 227 米，倾角为 51 度 52 分。塔原高 146.59 米，因顶端剥落，现高 136.5 米，相当于一座 40 层摩天大楼，塔底面呈正方形。整个金字塔建筑在一块巨大的凸形岩石上，占地约 52 900 平方米，体积约 260 万立方米。

⊠ 建造原因

那时尼罗河每年泛滥，淹没田野达 3—4 个月。农民和劳工们无法种地，于是他们找到了建造陵墓的工作。建成一座金字塔的工程可能要花费 30 年时间。由于埃及人的生死观及信奉太阳神的影响，认为太阳每天从东方升起，从西方落下，就像每天于东方出生及西方死亡，故金字塔都建于尼罗河西边。金字塔的建造反映着纯农耕时代人们从季节的循环和作物的生死循环中获得的意识，古埃及人迷信人死之后，灵魂不灭，只要保护住尸体，300 年后就会在极乐世界里复活永生，因此他们特别重视建造陵墓。

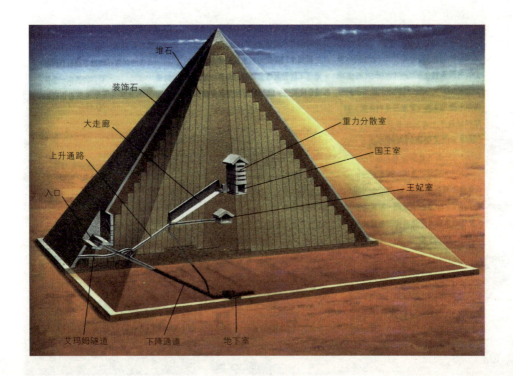

54

⊠ 排列原因

　　吉萨的三座金字塔的排列是按照猎户座的腰排列，而以尼罗河作为银河。因为地球有岁差数的问题，所以是按照公元前1050年的天象而定。猎户座对埃及人有重要意义的，因为他们相信神是住在猎户座，亦即天堂所在。金字塔都是正方位的，但互以对角线相接，造成建筑群参差的轮廓。在海夫拉金字塔祭祀厅堂的门厅旁边的狮身人首像，它的写实性和金字塔的抽象性对比，使整个建筑群富有变化，也更完整了。

　　虽然胡夫的金字塔被广泛地认同其是法老的陵墓，但因为至今也没有在里面找到胡夫法老的遗体，这使得人们对这座伟大的建筑物的具体作用产生了怀疑，于是各种猜测一时间不绝于耳。这座巨大的金字塔是人类建筑史上的伟大奇迹，这一点是毋庸置疑的。无论是从技术上还是艺术上，它在技术上展示了复杂的美，艺术上则是简单的美。埃及有句谚语说："人类惧怕时间，而时间惧怕金字塔。"胡夫金字塔的神奇还不止于它的宏伟壮大，更离奇的是胡夫留下的咒语，至今仍在考验着科学家们的智慧。

55

人类所有的思维都凝固和失落于此——卡纳克阿蒙神庙 〉

卡纳克神庙是埃及中王国及新王国时期首都底比斯的一部分。太阳神阿蒙神的崇拜中心，古埃及最大的神庙所在地。在开罗以南700千米处的尼罗河东岸。

遗址占据当时底比斯东城的北半部。通过斯芬克斯（狮身人面像）大道与南面1千米的卢克索相接，那里另有一座阿蒙神庙。由于中王国和新王国各朝都是从底比斯起家而统治全国的，底比斯的地方神阿蒙神被当作王权的保护神，成为埃及众神中最重要的一位。这里的阿蒙神庙也成为全国最大、最富有的神庙。

卡纳克神庙柱顶彩绘

卡纳克神庙石柱

❖ 建筑景观

埃及卡纳克神庙柱厅（公元前14世纪～前13世纪），古埃及人由于崇奉太阳神"拉"和地方神"阿蒙"，所以，各地为"拉"和"阿蒙"神建造了许多神庙，位于今开罗南面600多千米的卡纳克阿蒙神庙便是其中最著名的。阿蒙神庙占地25万平方米，由许多部分组成。其中最主要的就是大柱厅。该厅长366米，宽110米，面积约5000平方米，有6道大厅，134根石柱，分成16排。中央两排的柱子最为高大，其直径达3.57米，高21米，上面承托着长9.21米，重达65吨的大梁。其他柱子的直径为2.74米，高12.8米。在柱顶的柱帽处，可以安稳地坐下近百人，其建筑尺度之大，实属罕见。站在大厅中央，四面森林一般的巨大石柱，处处遮挡着人们的视线，给人造成一种神秘而又幽深的感觉。虽然由于年代的久远，致使神庙已破败不堪，然而，透过那仅存的部分，人们依然能够感受和想象到卡纳克神庙当年的宏伟壮丽。

❖ 精美的雕刻

在公元前1567年开始的古埃及新王朝，每天清晨，法老和他的臣民都要到卢克索的卡纳克神庙前迎接太阳的升起，迎接他们心中最崇敬的神灵从睡梦中醒来，这就是阿蒙·瑞神——卢克索的地方神阿蒙和太阳神瑞的结合体。在古埃及人心目中，一岁一枯荣的农耕收获和富足恩爱的生活都仰仗这位神明的恩泽。同样，人们只接受由阿蒙·瑞神所授权的法老作为国家的领导者。

神庙像一部读不完的历史书，历经沧桑的卡纳克神庙最让人着迷的是刻在柱上、墙上、神像基座上优美的图案和象形文字。有战争的惨烈，有田园生活的幸福，有神灵与法老的亲密……这是石刻的历史，连环画似的告诉你一个遥远而辉煌的过去。

在卡纳克神庙盘桓半天依然觉得是走马观花。世上有许多景点是用来观赏的，卡纳克神庙却是用来阅读的。

卡纳克神庙入口

理想公民社会的典范——帕特农神庙 〉

在希腊首都雅典卫城坐落的古城堡中心，石灰岩的山岗上，耸峙着一座巍峨的长方形建筑物，神庙矗立在卫城的最高点，这就是在世界艺术宝库中著名的帕特农神庙。这座神庙历经两千多年的沧桑之变，如今庙顶已坍塌，雕像荡然无存，浮雕剥蚀严重，但从巍然屹立的柱廊中，还可以看出神庙当年的丰姿。帕特农神庙是雅典卫城最重要的主体建筑。帕特农神庙之名出于雅典娜的别号Parthenon，即希腊文 $\Pi\alpha\rho\theta\epsilon\nu\omega\sigma$ 的转写，意为"处女"。

⊠ 外貌景观

帕特农神庙呈长方形，庙内有前殿、正殿和后殿。神庙基座占地面积达 2136 平方米，有半个足球场那么大，46 根高达 10 米的大理石柱撑起了神庙。

帕特农神庙的设计代表了全希腊建筑艺术的最高水平。从外貌看，它气宇非凡，光彩照人，细部加工也精细无比。它在继承传统的基础上又作了许多创新，事无巨细皆精益求精，由此成为古代建筑最伟大的典范之作。它采取八柱的多立克式，东西两面是 8 根柱子，南北两侧则是 17 根，东西宽 31 米，南北长 70 米。东西两立面（全庙的门面）山墙顶部距离地面 19 米，也就是说，其立面高与宽的比例为 19：31，接近希腊人喜爱的"黄金分割比"，难怪它让人觉得优美无比。柱高 10.5 米，柱底直径近 2 米，即其高宽比超过了 5，比古风时期多利亚柱式（三种希腊古典建筑柱式中最简单的一种）通常采用的 4：1 的高宽比大了不少，柱身也相应颀长秀挺了一些。这反映了多利亚柱式走向古代规范的总趋势。

帕特农神庙雕像

⊠ 建筑风格

　　帕特农神庙特别讲究"视觉矫正"的加工，使本来是直线的部分略呈曲线或内倾，因而看起来更有弹力，更觉生动。这种视觉矫正以前在多利亚柱式中就已经注意到了，比如柱身的减杀就是如此。在帕特农神庙中，这种矫正发挥到了无微不至的地步。据研究，这类矫正多达 10 处之多。比如，此庙四边基石的直线就略作矫正，中央比两端略高，看起来反而更接近直线，避免了纯粹直线所带来的生硬和呆板。相应地，檐部也作了细微调整。在柱子的排列上，也并非全都垂直并列，东西两面各 8 根柱子中，只有中央两根真正垂直于地面，其余都向中央略微倾斜；边角的柱子与邻近的柱子之间的距离比中央两柱子之间的距离要小，柱身也更加粗壮（底径为 1.944 米，而不是其他柱子的 1.905 米）。

59

内部装饰

在装饰方面，本来前厅外围的柱子都是多利亚式的，但檐壁却不用三陇板与间板，而是用一条爱奥尼亚柱式的装饰带，以浮雕表现雅典人民庆祝大雅典娜节的盛况。这条浮雕带从门廊延伸到南北两面墙上，绕行一周，连为一体。总长 160 米，人物超过 500 个。它第一次在神庙主要浮雕上直接表现雅典公民群众和现实社会活动，其构思之大胆也是空前的，反映了雅典民主政治在希波战争后的进一步发展。

帕特农神庙在古典建筑艺术中之所以成为典范，不仅仅在于它的建筑，更重要的是其雕刻。雅典娜巨像现已丝毫不存，据古人的描述，它实为木胎，黄金象牙只起镶嵌作用，大概肌肤用象牙，衣冠武器则贴以黄金。此类贵重的雕像通常是小型的，雅典把它做成 12 米高的庞然大物，无非是为了显示雅典财富的充盈。

神庙不仅仅意味着对神的尊崇，还体现了雅典民主制的萌芽。在神庙内有一幅巨型壁画描述雅典人庆祝节日的盛况，其含义是"所有雅典人的节日"，表明修建神庙的决定来源于城邦所有公民的直接投票。另外，工程的预算和开支都被刻在石头上，供城邦公民监督。

雅典的命名与帕特农神庙

雅典娜女神雕像

　　帕特农神庙有两个主殿：祭殿和女神殿，从神庙前门可进祭殿，踏后门可入女神殿。在东边的人字墙上的一组浮雕，镌刻着智慧女神雅典娜从万神之王宙斯头里诞生的生动图案；在西边的人字墙上雕绘着雅典娜与海神波塞冬争当雅典守护神的场面。传说她和海神波塞冬争夺这座城市。宙斯决定：谁能给人类一件有用的东西，城就归谁。波塞冬用他的三叉戟敲了一下这个城的岩石，一匹战马破石而出，这是战争的象征；雅典娜则用她的长矛敲了一下岩石，岩石上长出一株油橄榄树，这被人们认为是和平的象征。结果，这座城归了雅典娜，从此她便成为雅典的守护神。希腊首都雅典就是以雅典娜的名字命名的。

拜占庭帝国的辉煌——圣索菲亚大教堂 〉

圣索菲亚大教堂现在被称为阿亚索菲亚博物馆,毋庸置疑,它是历史长河中遗留下来的最精美的建筑物之一。圣索菲亚教堂最初是由君士坦丁大帝建造,6世纪又由查士丁尼大帝再建,教堂主体呈长方形,占地面积近8000平方米,前厅有600多平方米,中央大厅则达5000多平方米。巨大的圆顶直径达33米,离地高55米。站在这里,其庄严肃穆似乎能使时光停滞,拜占庭文化的典范——马赛克画在此处可让游客一饱眼福。1975年,政府拨款对教堂进行全面修复。目前,圣索菲亚大教堂已经成为世界上最著名的教堂之一。

⊠ 建筑代表

　　它是拜占庭式建筑的代表作，它的突出成就在于创造了以帆拱上的穹顶为中心的复杂拱券结构平衡体系。这是世界上唯一由神庙改建为教堂、并由教堂改为清真寺的圣索菲大清真寺。圣索菲亚大教堂是 330 年时由君士坦丁大帝修建的，6 世纪时查士丁尼大帝把教堂改建成现在的模样。奥斯曼帝国时期，圣索菲亚教堂改建为清真寺，周围矗起四座高塔。教堂主体为长形，内壁全用彩色大理石砖和五彩斑斓的马赛克镶嵌画装点铺砌，美丽程度比具有"世界上最美的教堂"之誉的威尼斯圣马克教堂毫不逊色。站在教堂里，最强烈的感受是空旷，人在这里是那么的渺小。高不可攀的穹顶和气势恢弘的大理石柱子带给你一种强烈的震撼，从四周窗户透进来的自然光线给幽暗的教堂营造了迷幻的宗教气氛，仰头望着顶穹上方的圣母圣子像，宗教的感召力量那么的强烈。

⊠ 古代建筑珍品

别具风采的圆顶由两个半球形拱门支撑，这座雄伟堂皇的教堂是古代建筑的珍品，对于以后的建筑产生了重大影响。这座精美绝伦的建筑在世界享有盛名，17世纪时，有人仿效公元前腓尼基人昂蒂帕特提出的"七大奇迹"的说法，提出现代世界"七大奇迹"，圣索菲亚教堂就是其中之一。从教堂内一侧昏暗、狭窄的碎石铺就的通道蜿蜒而上，能到达环绕教堂内三面的两层长廊，让你能从不同的空间角度欣赏这座辉煌的大教堂。一座建筑精品，它的细节一定是经得住审视的。在这里，你可以把目光聚焦在任何一处赞叹。教堂外的净洗池显示着伊斯兰教的色彩。

⊠ 建筑风格

圣索菲亚大教堂的特别之处在于平面采用了希腊式十字架的造型，在空间上，则创造了巨型的圆顶，而且在室内没有用到柱子来支撑。更仔细地说，君士坦丁大帝请来的数学工程师们发明出以拱门、扶壁、小圆顶等设计来支撑和分担穹隆重量

的建筑方式，以便在窗间壁上安置又高又圆的圆顶，让人仰望天界的美好与神圣。由于地震和叛乱的烧毁，圣索非亚大教堂经历过数次重修，尤其公元532年查士丁尼大帝投入1万名工人、32万黄金、并花费6年光阴将圣索非亚大教堂装饰得更为精巧华美。神圣的教堂是当时的城市中心，而统治者对教堂所投注的心力不难看出统治者借由对宗教的奉献、夸示帝国的权力与财富，而对周遭地区施与影响力的用心。圣索非亚大教堂的大圆顶离地55米高，而且在17世纪圣彼得大教堂完成前，一直是世界上最大的教堂。

中世纪建筑中最完美的花——巴黎圣母院 〉

　　巴黎圣母院大教堂是一座位于法国巴黎市中心、西堤岛上的教堂建筑，也是天主教巴黎总教区的主教座堂。圣母院约建造于1163~1250年间，属哥特式建筑形式，是法兰西岛地区的哥特式教堂群里面，非常具有关键代表意义的一座。始建于1163年，是巴黎大主教莫里斯·德·苏利决定兴建的，整座教堂在1345年全部建成，历时180多年。另有小说、电影、音乐剧等以此为名。

◈ 建筑外观

　　巴黎圣母院是一座典型的哥特式教堂。它建造全部采用石材，其特点是高耸挺拔，辉煌壮丽，整个建筑庄严和谐。雨果在《巴黎圣母院》比喻它为"石头的交响乐"。站在塞纳河畔，远眺高高矗立的圣母院，巨大的门四周布满了雕像，一层接着一层，石像越往里层越小。所有的柱子都挺拔修长，与上部尖尖的拱券连成一气。中庭又窄又高又长。从外面仰望教堂，那高峻的形体加上顶部耸立的钟塔和尖塔，使人感到一种向蓝天升腾的雄姿。巴黎圣母院的主立面是世界上哥特式建筑中最美妙、最和谐的，水平与竖直的比例近乎黄金比 1:0.618，立柱和装饰带把立面分为 9 块小的黄金比矩形，十分和谐匀称。后世的许多基督教堂都模仿了它的样子。

⊠ 建筑风格

巴黎圣母院为欧洲早期哥特式建筑和雕刻艺术的代表,它是巴黎第一座哥特式建筑。它集宗教、文化、建筑艺术于一身,原为纪念罗马主神朱庇特而建造,随着岁月的流逝,逐渐成为巴黎圣母院早期基督教的教堂。哥特式,原是从哥特民族中演化过来的,指的是北方野蛮民族,含有贬义。但后来也就失去了它的褒贬性,变成了当时一种文化的名称。哥特式建筑特征最重要的就在高直二字,所以也有人称这种建筑为高直式。哥特式教堂的平面形状好像一个拉丁十字。十字的顶部是祭坛,前面的十字长翼是一个长方形的大厅,供众多的信徒做礼拜用。教堂的顶部采用一排连续的尖拱,显得细瘦而空透。教堂的正面往往放一对钟塔。哥特式教堂的造型既空灵轻巧,又符合变化与统一、比例与尺

度、节奏与韵律等建筑美法则,具有很强的美感。

巴黎圣母院之所以闻名于世,主要是因为它是欧洲建筑史上一个划时代的标志。在它之前,教堂建筑大多数笨重粗俗,沉重的拱顶、粗矮的柱子、厚实的墙壁、阴暗的空间,使人感到压抑。巴黎圣母院冲破了旧的束缚,创造一种全新的轻巧的骨架券,这种结构使拱顶变轻了,空间升高了,光线充足了。这种独特的建筑风格很快在欧洲传播开来。

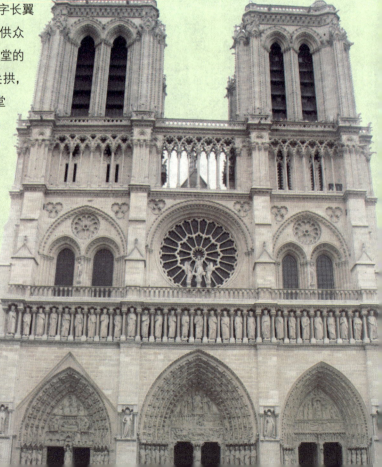

图 内部装饰

教堂内部极为朴素，严谨肃穆，几乎没有什么装饰。进入教堂的内部，无数的垂直线条引人仰望，数十米高的拱顶在幽暗的光线下隐隐约约，闪闪烁烁，加上宗教的遐想，似乎上面就是天堂。于是，教堂就成了"与上帝对话"的地方。它是欧洲建筑史上一个划时代的标志。

主殿翼部的两端都有玫瑰花状的大圆窗，上面满是13世纪时制作的富丽堂皇的彩绘玻璃书。北边那根圆柱上是著名的"巴黎圣母"像。这尊像造于14世纪，先是安放在圣埃娘礼拜堂，后来才被搬到这里。

南侧玫瑰花形圆窗，这扇巨型窗户建于13世纪，但在18世纪时作过修复，上面刻画了耶稣基督在童贞女的簇拥下行祝福礼的情形。其色彩之绚烂、玻璃镶嵌之细密，给人一种似乎一颗灿烂星星在闪烁的印象，它把五彩斑斓的光线射向室内的每一个角落。

圣母院内右侧安放一排排烛台，数十枝白烛辉映使院内洋溢着柔和的气氛。大厅可容纳9000人，其中1500人坐席前设有讲台，讲台后面置放三座雕像，左、右雕像是国王路易十三及路易十四，两人目光齐望向中央圣母哀子像，耶稣横卧于圣母膝上，圣母神情十分哀伤。院内摆置很多的壁画、雕塑、圣像，因此前来观览的游客络绎不绝。厅内的大管风琴也很有名，共有6000根音管，音色浑厚响亮，特别适合奏圣歌和悲壮的乐曲。

要享受独自一人片刻的宁静，不妨上圣母院第3层楼，也就是最顶层，雨果笔下的钟楼。教堂正厅顶部的南钟楼有一口重达13吨的大钟，敲击时钟声洪亮，全城可闻。据说在这座钟铸造的材料中加入的金银均来自巴黎虔诚的女信徒的奉献。北侧钟楼则有一个387级的阶梯。从钟楼可以俯瞰巴黎如诗画般的美景，有欧洲古典及现代感的建筑物，欣赏塞纳河上风光，一艘艘观光船载着游客穿梭游驶于塞纳河。

罗马式建筑的代表——比萨大教堂 〉

比萨大教堂（Pisa Cathedral）是意大利罗马式教堂建筑的典型代表。位于意大利比萨。大教堂始建于1063年，由雕塑家布斯凯托·皮萨谨主持设计。教堂平面呈长方的拉丁十字形，长95米，纵向四排68根科林斯圆柱式。纵深的中堂与宽阔的耳堂相交处为一椭圆形拱顶所覆盖，中堂用轻巧的列柱支撑着木架结构屋顶。

70

⊠ 建筑特色

比萨大教堂的建筑样式，并不是纯粹的巴西里卡式，而是掺有罗马式风格的一种建筑样式。何谓罗马式建筑？它产生于公元9世纪查理大帝（即查理曼）时期。自罗马帝国灭亡后，欧洲的政局一直是动荡不定的，查理曼皇帝想寻求疆域统一，但帝国缺乏这种统一的经济基础。为了防御外敌，当时的宫殿或教会建筑，都筑成城堡样式，在封建割据的年代里，差不多所有宫廷住宅与教会建筑都筑造得极其厚实，教堂的旁边要加筑塔楼。于是，在结构方面，趋向于一种有机性——有系统的机能上的平衡以及结构与形式上的密切配合，这表现在建筑的结构部分与间隔部分的分工：一方面在筑墙时，把建筑的全面承重改为重点承重，因而出现了承重的墩子或扶壁与间隔轻薄的墙；另一方面是创造了肋料拱顶。一般的教堂，平面仍呈巴西里卡式，但加大翼部，成了明显的十字架形，而十字交叉处从平面上看，由

伽利略画像

于上有突出的圆形或多边形塔楼，渐渐接近正方形。比萨教堂略为例外，它建于1063~1092年间，平面虽是巴西里卡式，其中央通廊上面是用木屋架，然其券拱结构，由于采用层叠券廊，罗马式特征依然十分明显。

在意大利还有许多斜塔，但没有一座比得上这一座出名，因为它不仅高大壮美，而且还有与众不同的特点：1. 它是圆的，这是意大利独一无二的圆塔；2. 通体用白大理石造的。伽利略曾拿这座斜塔作为自由落体的实验场地：他拿一大一小两个铅球从塔顶同时落到地面，一下子把传统观念砸开了个口子，动摇了统治1900年之久的亚里士多德的权威。这54.6米高的塔顶，偏心有5米多，是自由落体实验再好不过的实验场。循楼梯一圈圈绕着往上走，要拾294级才能到顶。从塔顶望比萨城，一片鲜红的瓦顶，在纯净的蓝天之下，确是明丽壮观。

伽利略的两个球

传说 1590 年，出生在比萨城的意大利物理学家伽利略，曾在比萨斜塔上做自由落体实验，将两个重量不同的球体从相同的高度同时扔下，结果两个铅球同时落地，由此发现了自由落体定律，推翻了此前亚里士多德认为的重的物体会先到达地面，落体的速度同它的质量成正比的观点。伽利略在比萨斜塔做自由落体实验的故事，记载在他的学生维维安尼（Vincenzo Viviani，1622 年 ~1703 年）在 1654 年写的《伽利略生平的历史故事》（1717 年出版）一书中，但伽利略、比萨大学和同时代的其他人都没有关于这次实验的记载。对于伽利略是否在比萨斜塔做过自由落体实验，历史上一直存在着支持和反对两种不同的看法。另据记载，1612 年有一个人在比萨斜塔上做过这样的实验，但他是为了反驳伽利略而作这个实验的，结果是两球并没有同时到达地面。

73

雪域传奇——布达拉宫 〉

布达拉宫屹立在西藏首府拉萨市区西北的红山上，是一座规模宏大的宫堡式建筑群。最初是松赞干布为迎娶文成公主而兴建的，17世纪重建后，布达拉宫成为历代达赖喇嘛的居所，也是西藏政教合一的统治中心。整座宫殿具有鲜明的藏式风格，依山而建，气势雄伟。布达拉宫中还收藏了无数的珍宝，堪称是一座艺术的殿堂。1961年，布达拉宫被中华人民共和国国务院公布为第一批全国重点文物保护单位之一。1994年，布达拉宫被列为世界文化遗产。

⊠ 建筑特色

布达拉宫始建于7世纪松赞干布时期。17世纪五世达赖喇嘛时期重建后，成为历代达赖喇嘛的住息地和政教合一的中心。主体建筑分白宫和红宫，主楼13层，高115.7米，由寝宫、佛殿、灵塔殿、僧舍等组成。布达拉宫是历世达赖喇嘛的住所，也是过去西藏地方统治者政教合一的统治中心，从五世达赖喇嘛起，重大的宗教、政治仪式均在此举行，同时又是供奉历世达赖喇嘛灵塔的地方。

白宫横贯两翼，为达赖喇嘛生活起居

地，有各种殿堂长廊，摆设精美，布置华丽，墙上绘有与佛教有关的绘画，多出名家之手。红宫居中，供奉佛像，松赞干布像，文成公主和尼泊尔尺尊公主像数千尊，以及历代达赖喇嘛灵塔，黄金珍宝嵌间，配以彩色壁画，金碧辉煌。整个建筑群占地 10 余万平方米，房屋数千间，布局严谨，错落有致，体现了西藏建筑工匠高超技艺。每逢节日活动，宫门挤满信仰藏传佛教各民族佛教徒，成为著名佛教圣地。

布达拉宫依山垒砌，群楼重叠，殿宇嵯峨，气势雄伟，有横空出世、气贯苍穹之势，坚实墩厚的花岗石墙体，松茸平展的白玛草墙领，金碧辉煌的金顶，具有强烈装饰效果的巨大鎏金宝瓶、幢和经幡，交相映辉，红、白、黄三种色彩的鲜明对比，分部合筑、层层套接的建筑形体，都体现了藏族古建筑迷人的特色。布达拉宫是藏式建筑的杰出代表，也是中华民族古建筑的精华之作。

⊠ 结构造型

布达拉宫整体为石木结构宫殿外墙厚达 2~5 米，基础直接埋入岩层。墙身全部用花岗岩砌筑，高达数十米，每隔一段距离，中间灌注铁汁，进行加固，提高了墙体抗震能力，坚固稳定。

屋顶和窗檐用木制结构，飞檐外挑，屋角翘起，铜瓦鎏金，用鎏金经幢、宝瓶、摩蝎鱼和金翅乌做脊饰。闪亮的屋顶采用歇山式和攒尖式，具有汉代建筑风格。屋檐下的墙面装饰有鎏金铜饰，形象都是佛教法器式八宝，有浓重的藏传佛教色彩。柱身和梁枋上布满了鲜艳的彩画和华丽的雕饰。内部廊道交错，殿堂杂陈，空间曲折莫测，置身其中，步入神秘世界。

☒ 经典结合

　　布达拉宫的建筑艺术，是数以千计的藏传佛教寺庙与宫殿相结合的建筑类型中最杰出的代表，在中国乃至世界上都是绝无仅有的例证。

　　传说这座辉煌的宫殿缘起于7世纪，当时西藏的吐蕃王松赞干布为迎娶唐朝的文成公主，在红山之上修建了9层楼宫殿1000间，取名布达拉宫以居公主。后来由松赞干布建立的吐蕃王朝灭亡之后，古老的宫堡也大部分被毁于战火，直至17世纪，五世达赖建立噶丹颇章王朝并被清朝政府正式封为西藏地方政教首领后，才开始了重建布达拉宫，时年为1645年。

　　以后历代达赖又相继进行过扩建，于是布达拉宫就具有了今日之规模。独特的布达拉宫同时又是神圣的。因为在今天的中国，每当提及它时都会很自然地联想起西藏。在人们心中，这座凝结藏族劳动人民智慧又目睹汉藏文化交流的古建筑群，已经以其辉煌的雄姿和藏传佛教圣地的地位绝对地成为了藏族的象征。

　　布达拉宫，是勤劳勇敢的藏族人民智慧和力量的结晶，是研究藏传佛教和藏文化的宝库，也是世界认同的极其宝贵的文化遗产。

东方卢浮宫——敦煌石窟 〉

敦煌石窟，又名莫高窟（Dunhuang Caves），俗称千佛洞，被誉为20世纪最有价值的文化发现、"东方卢浮宫"，坐落在河西走廊西端的敦煌，以精美的壁画和塑像闻名于世。它始建于十六国的前秦时期，历经十六国、北朝、隋、唐、五代、西夏、元等历代的兴建，形成巨大的规模，现有洞窟735个，壁画4.5万平方米、泥质彩塑2415尊，是世界上现存规模最大、内容最丰富的佛教艺术圣地。近代发现的藏经洞，内有5万多件古代文物，由此衍生专门研究藏经洞典籍和敦煌艺术的学科——敦煌学。1961年，敦煌石窟被公布为第一批全国重点文物保护单位之一；1987年，被列为世界文化遗产；世界上现存最大的佛教艺术宝库。

⊠ 地理位置

　　莫高窟位于今甘肃省敦煌市、安西县、肃北蒙古族自治县和玉门市境内，敦煌市东南 25 千米处的鸣沙山东麓断崖上，前临宕泉河，面向东，南北长 1680 米，高 50 米。洞窟分布高低错落、鳞次栉比，上、下最多有 5 层。

◯ 艺术特色

　　莫高窟是一座融绘画、雕塑和建筑艺术于一体，以壁画为主、塑像为辅的大型石窟寺。它的石窟形制主要有禅窟、中心塔柱窟、殿堂窟、中心佛坛窟、四壁三龛窟、大像窟、涅槃窟等。各窟大小相差甚远，最大的第 16 窟达 268 平方米，最小的第 37 窟高不盈尺。窟外原有木造殿宇，并有走廊、栈道等相连，现多已不存。

　　莫高窟壁画绘于洞窟的四壁、窟顶和佛龛内，内容博大精深，主要有佛像、佛教故事、佛教史迹、经变、神怪、供养人、装饰图案等七类题材，此外还有很多表现当时狩猎、耕作、纺织、交通、战争、建设、舞蹈、婚丧嫁娶等社会生活各方面的画作。这些画有的雄浑宽广，有的瑰丽华艳，体现了不同时期的艺术风格和特色。中国五代以前的画作已大都散失，莫高窟壁画为中国美术史研究提供了重要实物，也为研究中国古代风俗提供了极有价值的形象和图样。据计算，这些壁画若按 2 米高排列，

可排成长达 25 千米的画廊。

莫高窟的壁画上，处处可见漫天飞舞的美丽飞天——敦煌市的城雕也是一个反弹琵琶的飞天仙女的形象。飞天是侍奉佛陀和帝释天的神，能歌善舞。墙壁之上，飞天在无边无际的茫茫宇宙中飘舞，有的手捧莲蕾，直冲云霄；有的从空中俯冲下来，势若流星；有的穿过重楼高阁，宛如游龙；有的则随风悠悠漫卷。画家用那特有的蜿蜒曲折的长线、舒展和谐的意趣，为人们打造了一个优美而空灵的想象世界。

莫高窟所处山崖的土质较松软，并不适合制作石雕，所以莫高窟的造像除四座大佛为石胎泥塑外，其余均为木骨泥塑。塑像都为佛教的神佛人物，排列有单身像和群像等多种组合，群像一般以佛居中，两侧侍立弟子、菩萨、天王、力士等，少则 3 身，多则达 11 身。彩塑形式有圆塑、浮塑、影塑、善业塑等。这些塑像精巧逼真、想象力丰富、造诣高深，而且与壁画相融相衬，相得益彰。

☒ 最高的洞窟

第 96 窟是莫高窟最高的一座洞窟，其外附岩而建的"9 层楼"是莫高窟的标志性建筑，高 33 米。它是一个九层的遮檐，也叫"北大像"，正处在崖窟的中段，与崖顶等高，巍峨壮观。其木构为土红色，檐牙高啄，外观轮廓错落有致，檐角系铃，随风作响。其间有弥勒佛坐像，高 35.6 米，由石胎泥塑彩绘而成，是中国国内仅次于乐山大佛和荣县大佛的第三大坐佛。容纳大佛的空间下部大而上部小，平面呈方形。楼外开两条通道，既可供就近观赏大佛，又是大佛头部和腰部的光线来源。这座窟檐在唐文德元年(888 年)以前就已存在，当时为 5 层，北宋乾德四年(966 年)和清代都进行了重建，并改为 4 层。1935 年再次重修，形成现在的 9 层造型。

莫高窟各窟均由洞窟建筑、彩塑和壁画综合构成。洞窟建筑形式主要有禅窟、中心塔柱窟、佛龛窟、佛坛窟、大像窟等。塑绘结合的彩塑主要有佛、菩萨、弟子、天王、力士像等。精美的彩塑与壁画系统地反映了各个时代的艺术风格及其传承演变，具有珍贵的历史、艺术、科技价值。

81

大理石上的诗——泰姬陵 〉

泰姬陵，全称为"泰吉·玛哈尔陵"，又译泰姬玛哈，是印度知名度最高的古迹之一，在今印度距新德里200多千米外的北方邦的阿格拉城内，亚穆纳河右侧。是莫卧儿王朝第5代皇帝沙贾汗为了纪念他已故皇后阿姬曼·芭奴而建立的陵墓，被誉为"完美建筑"。它由殿堂、钟楼、尖塔、水池等构成，全部用纯白色大理石建筑，用玻璃、玛瑙镶嵌，绚丽夺目、美丽无比，有极高的艺术价值，是伊斯兰教建筑中的代表作。2007年7月7日，被列为世界八大奇迹之一。

⊠ 建筑风格

　　泰姬陵的构思和布局充分体现了伊斯兰建筑艺术庄严肃穆、气势宏伟的特点，整个建筑富于哲理，是一个完美无缺的艺术珍品。所有游客都把印度人民的这一非凡杰作称为印度的奇珍。

　　这座伊斯兰风格的建筑外形端庄宏伟，无懈可击，寝宫门窗及围屏都用白色大理石镂雕成菱形带花边的小格，墙上用翡翠、水晶、玛瑙、红绿宝石镶嵌着色彩艳丽的藤蔓花朵。

⊠ 工艺成就

泰姬·玛哈尔的工艺成就首先在于建筑群总体布局的完善。布局很单纯，陵墓是唯一的构图中心，它不像胡玛雍陵那样居于方形院落的中心，而是居于中轴线末端，在前面展开方形的草地，因之，一进第二道门，有足够的观赏距离，视角良好，仰角大约是1:4.5。建筑群的色彩沉静明丽，湛蓝的天空下，草色青青托着晶莹洁白的陵墓和高塔，两侧赫红色的建筑物把它映照得如冰如雪。倒影清亮，荡漾在澄澈的水池中，当喷泉飞溅，水雾迷蒙时，它闪烁颤动，倏集倏散，飘忽变幻，景象尤其魅人。为死者而建的陵墓，竟洋溢着乐生的欢愉气息。

泰姬·玛哈尔的第二个成就是创造了陵墓本身肃穆而又明朗的形象。它的构图稳重而又舒展：台基宽阔，和主体略成一个方锥形，但四座塔又使轮廓空灵，同青空相穿插渗透。它的体形洗练：各部分的几何形状明确，互相关系清楚，虚实变化

肯定，没有过于琐碎的东西，没有含糊不清的东西，诚朴坦率。它的比例和谐：主要部分之间有大体相近的几何关系，例如，塔高（连台基）近于两塔间距离的一半，主体立面的中央部分的高近于立面总宽度的一半，立面两侧部分的高近于立面不计抹角部分的宽度的一半，其余的大小、高低、粗细也各得其宜。它的主次分明：穹顶统率全局，尺度最大；正中凹廊是立面的中心，尺度其次；两侧和抹角斜面上凹廊反衬中央凹廊，尺度第三；四角的共事尺度最小，它们反过来衬托出中央的阔大宏伟。此外，大小凹廊造成的层次进退、

光影变化、虚实对照，大小穹顶和高塔造成的活泼的天际轮廓，穹顶和发券柔和的曲线等，使陵墓于肃穆的纪念性之外，又具有开朗亲切的性格。

泰姬·玛哈尔的第三个成就是，熟练地运用了构图的对立统一规律，使这座很简纯的建筑物丰富多姿。陵墓方形的主体和浑圆的穹顶在形体上对比很强，但它们却是统一的：它们都有一致的几何精确性，主体正面发券的轮廓同穹顶相呼应，立面中央部分的宽度和穹顶的直径相当。同时，主体和穹顶之间的过渡联系很有匠心：主体抹角，向圆接近；在穹顶的四角布置了小穹顶，它们形成了方形的布局；小穹顶是圆的，而它们下面的亭子却是八角形的，同主体呼应。四个小穹顶同在穹顶，在相似之外还包含着对比：一是体积和尺度的对比，反衬出大穹顶的宏伟；二是虚实的对比，反衬出大穹顶的庄重。细高的塔同陵墓本身形成最强的对比，它们把陵墓映照得分外宏大。同时，它们之间也是统一的：它们都有相同的穹顶，它们都是简练单纯的，包含着圆和直的形式因互；而且它们在构图上联系密切，一起被高高的台基稳稳托着，两座塔形成的矩形同陵墓主体正立面的矩形的比例是相似的，等等。除了对比着各部分有适当的联系、呼应、相似和彼此渗透之外，它们之间十分明确的主从关系保证了陵墓的统一完整。

⊠ 建筑布局

泰姬陵整个陵园是一个长方形，长576米，宽293米，总面积为17万平方米。四周被一道红砂石墙围绕。正中央是陵寝，在陵寝东西两侧各建有清真寺和答辩厅这两座式样相同的建筑，两座建筑对称均衡，左右呼应。陵的四方各有一座尖塔，高达40米，内有50层阶梯，是专供穆斯林阿訇拾级登高而上的。大门与陵墓由一条宽阔笔直的用红石铺成的甬道相连接，左右两边对称，布局工整。在甬道两边是人行道，人行道中间修建了一个"十"字形喷泉水池。泰姬陵的前面是一条清澄水道，水道两旁种植有果树和柏树，分别象征生命和死亡。

从外表上看，由于整座陵墓系由纯白大理石砌成，因此，一日之中，随着晨曦、正午和晚霞三时阳光强弱的不同，照射在陵墓上的光线和色彩就会呈现出不同的奇景。每逢花好月圆之夜，景色更为迷人。正如沙·贾汉在建好之初所说："如果人世间有天堂与乐园，泰姬陵就是这个乐园。"

85

最庞大的哥特式建筑——议会大厦 ＞

威斯敏斯特宫（Palace of Westminster），又称国会大厦（Houses of Parliament）是英国国会（包括上议院和下议院）的所在地。威斯敏斯特宫是哥特复兴式建筑的代表作之一，1987年被列为世界文化遗产。该建筑包括约1100个独立房间、100座楼梯和4.8千米长的走廊。尽管今天的宫殿基本上由19世纪重修而来，但依然保留了初建时的许多历史遗迹，如威斯敏斯特厅（可追溯至1097年），今天用作重大的公共庆典仪式，如国葬前的陈列等。

⊠ 地理位置

威斯敏斯特宫位于英国伦敦的中心威斯敏斯特市，它坐落在泰晤士河西岸，接近于以白厅为中心的其他政府建筑物。它的西北角的钟楼就是著名的大本钟（大本钟已于2012年6月，更名为"伊丽莎白塔"）。

⊠ 建筑特点

建筑重建时，查尔斯·巴里爵士的方案运用了垂直哥特风格。该风格曾在15世纪和19世纪哥特复兴式建筑兴起时风行一时。巴里虽然在古典建筑上见长，但却得到了哥特风格建筑师奥古斯塔斯·普金的协助。在大火中幸免、始建于11世纪的威斯敏斯特厅也被纳入了巴里的设计之中。而普金对于工作的一些结果颇感不快，尤其是巴里在设计上的对称化布局；他对此有过经典的评述："先生，全是希腊的，都铎细节长在了雅典风格上。"

⊠ 建筑风格

从外表来看，其顶部冠以大量小型的塔楼，而墙体则饰以尖拱窗、优美的浮雕和飞檐以及镶有花边的窗户上的石雕饰品。在夜幕下议会大厦更显美丽，它的众多塔楼和针塔般的尖顶在探照灯的照射下像王冠一样闪闪发光。

威斯敏斯特宫的主轴线上是耸立在威斯敏斯特宫入口之上的维多利亚塔（高104米）和大本钟塔（高98米）。重量超过13吨的大钟得名于一位叫本杰明·霍尔的公共事务大臣。有4个直径9米的钟盘大钟是在著名的天文学家艾里的领导下

建造的。当大钟鸣响报时的时候，钟声通过英国广播公司(BBC)电台响彻四方。

建筑师查尔斯·柏利之所以成功地修建了威斯敏斯特宫，在很大程度上得益于同佩吉恩的合作，得益于对英国哥特式建筑风格的钟爱和造诣。这位优秀的素描画家非常喜欢中世纪的艺术，他参与设计了宫中许多外围墙壁的装饰工作。正是由于佩吉恩富有创造性和想象力的设计使威斯敏斯特宫和它的塔楼装饰有众多样式独特的石雕。佩吉恩还参与了威斯敏斯特宫的内部装饰。尽管有些研究者认为他在设计

威斯敏斯特宫富丽堂皇的上会议厅

的某些方面有失分寸，在那里找不到单色的天花板和墙壁，到处都是雕花的人行道、华盖、像龛，色彩明快的马赛克拼嵌画，大型的水彩壁画；许多房间里铺有黄色、天蓝色和褐色地板砖。杂乱的色彩和图案、过于复杂的细节上的装饰使得现代参观者有些眼花缭乱，但是在 1840 年这些已经使得那些资本主义演说家们赏心悦目了。

威斯敏斯特宫最吸引人的是议会上院的内部装饰和举行议会庆典的房间。用于盛大场合的王宫走廊，以及国王穿正式礼服出席盛典的房间，以及议员们交换意见和做出部分决定的等候厅都装修得精美别致。

议会上院天花板完全被出现在徽章中的鸟、动物、花草等形象的浮雕像所覆盖。墙体装有木制墙裙浮雕，墙裙上还有 6 幅水彩壁画。18 位迫使国王签署《英国自由大宪章》的勋爵们的青铜雕像则摆在窗间的像龛内，仿佛是在监视着国王宝座顶的华盖，监视着一排排的裹着鲜红的皮革座椅，监视着上议院议长兼大法官的羊毛口袋。

⊠ 艺术特点

威斯敏斯特宫是英国浪漫主义建筑的代表作品，也是大型公共建筑中第一个哥特复兴杰作，是当时整个浪漫主义建筑兴盛时期的标志。整体造型和谐融合，充分体现了浪漫主义建筑风格的丰富情感。其平面沿泰晤士河南北向展开，人口位于西侧。特别是它沿泰晤士河的立面，平稳中有变化，协调中有对比，形成了统一而又丰富的形象，是维多利亚哥特式的典型表现，流露出浪漫主义建筑的复杂心理和丰富的情感。其内部一方面以帕金设计的装饰和陈设而闻名，另一方面也以珍藏有大量的壁画、绘画、雕塑等艺术品而著称，被人们誉为"幕后艺术博物馆"，作品水平甚高。威斯敏斯特宫作为全世界最大的哥特式建筑物，其雄伟之气，同类建筑难忘其项背。从威斯敏斯特桥或泰晤士河对岸观赏，其鬼斧神工之势使人赞叹不已。

● 鬼斧神工的建筑大师

弗兰克·劳埃德·赖特 〉

　　弗兰克·劳埃德·赖特是美国一位最重要的建筑师，在世界上享有盛誉。他设计的许多建筑受到普遍的赞扬，是现代建筑中有价值的瑰宝。赖特对现代建筑有很大的影响，但是他的建筑思想和欧洲新建运动的代表人物有明显的差别，他走的是一条独特的道路。

弗兰克·劳埃德·赖特

⊠ 设计作品

　　1902 年　芝加哥威利茨住宅

　　1904 年　纽约州布法罗市　拉金公司办公楼

　　1907 年　伊利诺州　罗伯茨住宅

　　1911 年　威斯康星州　普林格林　建造居住与工作总部塔里埃森

　　1915~1922 年　日本　东京帝国饭店

　　1936 年　匹兹堡市　流水别墅

　　1938 年　亚利桑那州　斯科茨代尔

　　1959 年 10 月　古根海姆博物馆（弗兰克·盖里设计有同名博物馆）

流水别墅

90

☒ 设计理念

赖特的一生经历了一个摸索建立空间意义和它的表达，从由实体转向空间，从静态空间到流动和连续空间，再发展到 4 度的序列展开的动态空间，最后达到戏剧性空间的过程。布鲁诺·塞维如此评价赖特的贡献："有机建筑空间充满着动态、方位诱导、透视和生动明朗的创造，动态是创造性的，因为其目的不在于追求耀眼的视觉效果，而是寻求表现生活在其中人的活动本身。"

赖特提出了：崇尚自然的建筑观。

赖特的草原式住宅反映了人类活动，

目的、技术和自然的综合它们使住房与宅地发生了根本性的改变，花园几乎伸入到了起居室的心脏，内外混为一体。就如同人的生命。这样，居室就在自然的怀抱之中。他认为：我们的建筑如果有生命力，它就应该反映今天这里更为生动的人类状况。建筑就是人类受关注之处，人本性更高的表达形式，因此，建筑基本上是人类文献中最伟大的记录，也是时代、地域和人的最忠实的记录。

建筑师应与自然一样地去创造，一切概念意味着与基地的自然环境相协调，使用木材、石料等天然材料，考虑人的需要和感情。赖特认为，只有当一切都是局部对整体如同整体对局部一样时，我们才可以说有机体是一个活的东西，这种在任何动植物中可以发现的关系是有机生命的根本……我在这里提出所谓的有机建筑就是人类精神活的边线，活的建筑，这样的建筑当然而且必须是人类社会生活的真实写照，这种活的建筑是现代新的整体。这种"活"的观念能使建筑师摆脱固有的形式的束缚，注意按照使用者、地形特征、气候条件、文化背景、技术条件、材料特征的不同情况而采用相应的对策，最终取得自然的结果，而并非是任意武断地加强固

JIANG GUSHI DE JIANZHU

定僵死的形式。这种从本身中寻求解答的方法也使建筑师的构思有了新的契机，从而灵感永不枯萎，创新永无止境。赖特的有机建筑观念主张建筑物的内部空间是建筑的主体。赖特试图借助于建筑结构的可塑性和连续性去实现整体性。他解释，这种连续可塑性包括平面的互叠、空间的接续；墙、楼面、平顶既各为自身又是另一方面的连续延伸，在结构中消除明确分解的梁柱体系，尤其是悬臂的运用，为整体结构、空间的内伸外延提供了技术可能。"活"的观念和整体性是有机建筑的两条基本原则，而体现建筑的内在功能和目的，与环境协调；体现材料的本性是有机建筑在创作中的具体表现。

赖特的建筑作品充满着天然气息和艺术魅力，其秘诀就在于他对材料的独特见解。泛神论的自然观决定了他对材料天然特性的尊重，他不但注意观察自然界浩瀚生物世界的各种奇异生态，而且对材料的内在性能，包括形态、文理、色泽、力学和化学性能等等仔细研究，"每一种材料都有自己的语言……每一种材料都有自己的故事，""对于创造性的艺术家来说，每一种材料都有它自己的信息，都有它自己的歌。"

古根海姆博物馆

⊠ 连续运动空间

赖特并不认为空间只是一种消极空幻的虚无，而是视作为一种强大的发展力量，这种力量可以推开墙体，穿过楼板，甚至可以揭开屋顶，所以赖特越来越不满足于用矩形包容这种力量了，他摸索用新的形体去给这种力量赋形，海贝的壳体给他这样一种启示，运动的空间必须有动态的外壳——一种无穷连续的可塑性。

⊠ 有特性和诗意的形式

赖特对"简洁"的看法是受到了日本的影响，他十分赞赏日本宗教关于"净"的戒条，即净心和净身，视多余为罪恶，明显地对日本传统建筑发生过影响，主张在艺术上消除无意义的东西而使一切事物变得十分地自然有机、返璞归真。"浪漫"是赖特有机建筑语言，他说："在有机建筑领域内，人的想象力可以使粗糙的结构语言变为相应的高尚形式，而不是去设计毫无生气的立面和炫耀结构骨架，形式的诗意对于伟大的建筑就像绿叶与树木、花朵与植物、肌肉与骨头一样不可缺少。"

连续运动空间

东京帝国饭店

JIANG GUSHI DE JIANZHU

马里奥·博塔

马里奥·博塔 〉

　　1943年，马里奥·博塔（MARIO·BOTTA）出生于瑞士门德里西奥。博塔中学辍学，15岁起就从事建筑设计工作，后在卢加诺跟随Cnenisch和Carloni进行建筑设计等方面的学习。1964 年，他通过了艺术学院的入学考试，当年秋，他开始在威尼斯大学建筑学院学习。1969年，他遇到了几位在建筑行业有重大影响的著名设计师，包括：路易·艾瑟铎·康、卡洛·斯卡派和Giuseppe Mazzariol 。同年，他结束了学业并在瑞士卢加诺创建了自己的办公室。

⊠ 设计风格

　　在结束跟随路易·艾瑟铎·康的学习之后，他逐渐形成自己的风格。博塔深入研究了众多建筑风格，诸如：多立克柱式风格、爱奥尼柱式风格以及科林斯风格等古老的建筑风格，他开始从这些历史风格中得出相应的色彩、材质、原料以及结构等方面的构思，其所有的工作都逐渐从后现代的古朴风格中得出其内在的联系。

　　博塔将各种对立的因素联系起来，因此，他所设计的建筑就呈现了极为独特的特征。

　　博塔对环境有极强的洞察力，因此他的建筑作品常常根据不同的环境条件而展现不同的优势。他说道："每一项建筑作品都有它相对应的环境，在设计建筑时，

95

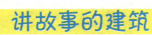

讲故事的建筑

其关键是考虑建筑所辖的领地"。1980 年，他增加了这样的观点："我认为当今建筑的精华来源于比较的程度：它只承认人为因素和自然环境之间的平衡，而这样的因素又来自当地生境。"

作为提契诺学派的主要代表，其作品根植于意大利理性主义和欧洲现代主义，将欧洲严谨的手工艺传统、历史文化的底蕴、提契诺的地域特征与时代精神完美地表现在建筑上。40 多年来，博塔已设计项目 600 多项，涵盖了私人住宅、教堂、办公、银行、博物馆、学校等建筑类型。博塔关于建筑原型的重新诠释、重塑场所的理念、形式原则和建筑语汇的运用、有机统一的城市体系、历史传统的延续性以及建筑的隐喻性和象征性等等建筑思想和设计手法，都具有鲜明的原创性和独特性，已引起世界建筑界的广泛关注。

在博塔早期的建筑设计生涯中，尽管他的作品局限于瑞士，但是他设计的建筑：嘉布遣会修道院、Balerna 工艺中心以及 Fribourg 的 Staatsbank 管理大楼等都赢得了国际好评。后来，博塔设计的第一幢美国建筑即旧金山现代美术馆，着重强调了开放的空间和自然光线，体现了康对博塔早期的影响。他后期的作品逐渐接受了后现代时期的风格，但他仍将历史、哲学等观点融入历史决定论中，而这样的建筑就成了时代的镜子。

⊠ 经典作品

1973 提契诺桑河住宅区
1992 圣约翰教堂
1992 法国埃弗里大教堂
1992 卢加诺住宅区
1993 瑞士巴塞尔博物馆
1994 旧金山现代艺术博物馆
1995 意大利米兰 Sartirana 教堂
2000 意大利 Pieve 科学院

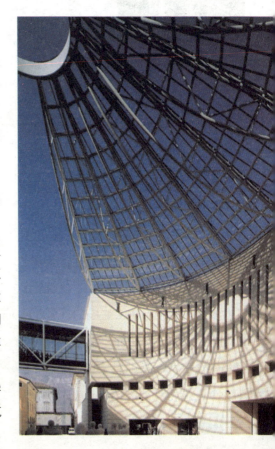

JIANG GUSHI DE JIANZHU

阿尔瓦·阿尔托 >

芬兰建筑师和家具设计师。现代建筑学的先驱。把芬兰的建筑传统结合到现代欧洲建筑中去，形成了既有浪漫主义又有地方特色的风格。主要作品有图尔库的图伦·萨诺马特大厦、维堡图书馆、美国马萨诸塞理工学院宿舍等著名建筑。1957、1963年分别获英国皇家和美国建筑师学会的金质奖。他还以层木家具的设计闻名于世。

阿尔瓦·阿尔托

⊠ 创作风格

阿尔托主要的创作思想是探索民族化和人情化的现代建筑道路。他认为工业化和标准化必须为人的生活服务，适应人的精神要求。阿尔托的创作范围广泛，从区域规划、城市规划到市政中心设计，从民用建筑到工业建筑，从室内装修到家具和灯具以及日用工艺品的设计，无所不包。 阿尔瓦·阿尔托最初的计划是在不使用任何工具的情况下进行随意的勾勒，因此，在保证功能性关系和细节问题的前提下，无论在不规则的形状上还是在结构上，他所设计的作品都表现出其创造性和随意性。他使用不同的材料，并采用综合的结构，同时还充分了解现场的场地特征，然后对每项建筑项目进行完美的设计。阿尔托采用大量重叠的手法开辟了更大的空间，并将窗户的衔接、外界的景物通过一种光滑的曲线形式连接起来，以达到动感十足的目的。阿尔托经常在他的设计中采用这种设计方式，他认为这种设计可以达到人神共性的目的，而且可以留出更大的空间。当然，他也非常关注人性的特征。

阿尔托使用诸如木材、砖块、石头、铜以及大理石等天然资源，同时也利用自然光线进行自然的衔接，风格实在而且连贯。鉴于他对土地的轮廓、光线的角度和方向的敏感性，因此他需要自然环境和与自然环境相通的社会环境之间直接的联系，并能充分利用当地的自然景观。他们通过对自然环境的考察、自然资源的使用以及对景观和植被环境的利用等，在建筑设计上获得了巨大的成功。大自然、阳光、树木以及空气等都在自然与人类和谐与平衡之间起了相当重要的作用。和勒·柯布西耶的观点相反，阿尔托认为自然不是机

器，不应该为建筑的模式服务，这种观点与弗兰克·劳埃德·赖特的不谋而合。同时他还强调："建筑不应该脱离自然和人类本身，而是应该遵从于人类的发展，这样会使自然与人类更加接近。"他说："标准化并不意味着所有的房屋都一模一样，而主要是作为一种生产灵活体系的手段，以适应各种家庭对不同房屋的需求，适应不同地形、不同朝向、不同景色等等。他所设计的建筑平面灵活，使用方便，结构构件巧妙地化为精致的装饰，建筑造型娴雅，空间处理自由活泼且有动势，使人感到空间不仅是简单地流通，而且在不断延伸、增长和变化。阿尔托热爱自然，他设计的建筑总是尽量利用自然地形，融合优美景色，风格纯朴。

☒ 经典作品：

1938 玛利亚别墅

1947 剑桥市贝克住宅

1952 珊纳特赛罗市政中心

1954 Muuratsalo 实验大楼

1971 赫尔辛基 芬兰大厦

1981 德国埃森歌剧院

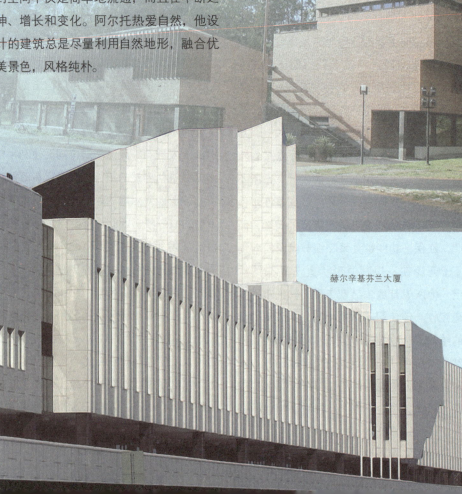

芬兰珊纳特赛罗市政中心

赫尔辛基芬兰大厦

香山饭店

贝聿铭 ❯

贝聿铭，美籍华人建筑师，1983年普利兹克奖得主，被誉为"现代建筑的最后大师"。贝聿铭为苏州望族之后，1917年出生于广东省广州市，父亲贝祖贻曾任中华民国中央银行总裁。贝聿铭1935年赴美国哈佛大学建筑系学习，师从建筑大师格罗皮乌斯和布鲁尔。贝聿铭作品以公共建筑、文教建筑为主，被归类为现代主义建筑，善用钢材、混凝土、玻璃与石材，代表作品有美国华盛顿特区国家艺廊东馆。

☒ 设计理念

建筑界人士普遍认为贝聿铭的建筑设计有三个特色：一是建筑造型与所处环境自然融合。二是空间处理独具匠心。三是建筑材料考究和建筑内部设计精巧。这些特色在"东馆"的设计中得到了充分的体现。纵观贝聿铭的作品，他为产业革命以来的现代都市增添了光辉，可以说与时代步伐一致。到了1988年，贝聿铭决定不再接受大规模的建筑工程，而是改为慎重地选择小规模的建筑，他所设计的建筑高度也越来越低。也就是说，越来越接近于地平线，这被认为是向自然的回归。日本美秀

99

JIANG GUSHI DE JIANZHU

美术馆更明显地显示了晚年的贝聿铭对东方意境，特别是故乡那遥远的风景——中国山水理想风景画的憧憬。日本的评论界讲得好，这件作品标志着贝聿铭在漫长的建筑生涯中一个新的里程。

☒ 建筑构造之意境

人们常常埋怨建筑受到各种限制而无法实现初衷，但常常又由于有了限制，优秀的创造才得以体现，美秀美术馆就是一件绝好的范例。

1997年1月21日贝聿铭在纽约曾接受过一次记者的采访，他认为："我感谢KERK，我的老朋友，构造的形态当然地形左右，根据当地的规定，总面积为17000平方米的部分，大约只允许2000平方米左右的建筑部分露出地面，所以美术馆80%的部分必须在地下才行。"

现在我们看到完成的这个超过我们想象的建筑，可以说是被约束下的杰作，在制约中，我们看到了贝聿铭的天才手笔。从外观上只能看到许多三角、棱形等玻璃的屋顶，其实那都是天窗，一但进入内部，明亮舒展的空间超过人们的预想。

整个建筑由地上一层和地下两层构成，入口在一层，进正门之后仰首看去，天窗错综复杂的多面多角度的组合，成为你对这个美术馆的重要记忆。用淡黄色木制材料做成遮光格子，而室内的壁面与地面的材料特别采用了法国产的淡土黄色的石灰岩，这与贝聿铭为设计卢浮宫美术馆前庭使用的材料一样。

卢浮宫玻璃金字塔

⊠ 南北两翼及收藏库

美秀美术馆设施大体由南北两翼构成，连接南北两馆的通道使整个建筑显得舒畅有致，这些通过建筑的平面图一目了然。北馆主要展示东方美术品，而南馆则是西方美术收藏，地下两层均为服务空间。北翼是收藏库群，而南翼则是理事和馆员们的办公室。

贝聿铭反复运用几何形的手法众所周知，他追求精致、洗练的造型达到极致。而这次，由于美术馆在构造上的特殊要求，为了能展示一些特定的美术品，必须在内部设计一些专门的空间。比如，为在南亚美术画廊展示的，公元2世纪后叶巴基斯坦的犍陀罗雕刻的顶部，专门设计天窗。从上面撒下的光线，极具神秘感。

现在收藏品仓库的设计则一反常规，它设计在最下层，因此在防水和防潮方面成为施工上的大课题。所有的壁面都使用隔热材料，以防止由于室内外的温差而结霜。另一方面，为了防止建筑上覆盖的土渗水，采用了具有耐寒和耐根（即耐树根的侵蚀）性的，瑞士生产的防水剂，再在那上面筑水泥以防万一发生的事故。

不只是建筑本身，其他如对美术品的安放、收藏环境等，贝聿铭都下了相当的工夫，最突出的事例是展示和收藏间的空调系统设计。在展示间没有直接的空调，而是在它的周围加以设置，目的是保护珍贵的美术品。这一新的设想是，让具有理想温度的空气渗透到展示空间中来，而内部的空气不对流，把对美术品的影响控制在最小的范围之内。收藏品仓库中也采取了同样的措施。而展示间的照明，取消了对展品有害的发热光源，用最近几年开发出来的光纤维材料。

讲故事的建筑

⊠ 借景与造园

所谓借景是通过人工的手段，截取或剪裁自然中的一部分，享其纳入，这是中国传统造园中常用的手法，而日本也有着同样的传统。

请看贝聿铭是这样加以运用的：美术馆和神慈秀明会建筑有 1000 米之遥，为了体现与这组建筑的联系，进入正庭之后立即可以眺望窗外的风景——群山和那仅露出屋顶的神慈秀明会神殿和钟塔。

在北馆有一个中庭，庭中有院，这是委托日本造园师设计的。越过庭院周围的建筑，可见院外的山岗和蓝天、白云，这美丽的关系让人想起在京都修学院离宫。贝聿铭对美术馆设施整体的构想，确实是匠心独运，让人叹为观止。

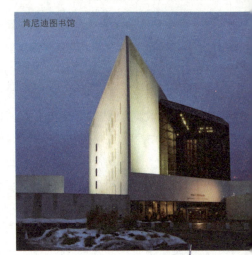

肯尼迪图书馆

中银大厦

⊠ 作品年表

1949 年　港湾石油公司办公楼，乔治兰州阿特兰大

1956 年　富兰克林国家银行，纽约州长岛明尼奥拉

1960 年　丹佛市希尔顿饭店，佛罗里达州丹佛

1974~1978 年　国家美术馆东馆，华盛顿

1979 年　肯尼迪图书馆，波士顿

1982 年　香山饭店，中国北京

1982~1990 年　中银大厦，香港

1989 年　卢浮宫扩建工程，法国巴黎卢浮宫玻璃金字塔

1990 年　德国历史博物馆新翼，德国柏林

1995 年　中国银行总行，北京

1996~1997 年　美秀美术馆，日本滋贺县甲贺市

2004 年　中国驻美大使馆，华盛顿特区

2006~2008 年　伊斯兰艺术博物馆，卡达杜哈

> 贝聿铭的中国情缘

　　贝聿铭自 1935 年赴美国求学，之后在大洋彼岸成家立业，功成名就，但他对中国的一片深情，依然萦系于怀。他祖籍苏州，生于广州，所以他常对人称"我是苏州人"、"我是广州人"。他的夫人卢爱玲曾在美国卫里斯学院念书，后来在哈佛大学攻造园设计。夫妇俩能讲一口流利的普通话、广州话、上海话和苏州话。平时的衣着打扮、家庭布置与生活习惯依然保持着中国的传统特色。他们有三子一女，三个儿子的名字都有一个"中"字。依次是贝定中、贝建中、贝礼中。女儿叫贝莲，也是典型的中国化的名字。上世纪年代初，贝聿铭首次回到阔别近 40 年的中国探亲观光，心中有无限的感慨，以后他又多次来到中国。他在海外曾深情地说过："我的根在中国，中国对我的牵引非常大，所以我不论哪一次回去，都觉得像是回到了自己的家。"

　　中国传统的建筑艺术在贝聿铭的心中留有极其深刻的印象。苏州庭园的长廊曲径、假山水榭，尤其是建筑屋宇与周围自然景观相辅相成的格局，以及光影美学的运用，在他数十年的建筑设计生涯中都有轨可循。而坐落在北京香山公园内新建的香山饭店，更是他将现代建筑艺术与中国传统建筑特色相结合的精心之作。

梁思成 ＞

梁思成，男，广东省新会人，是中国著名的建筑学家和建筑教育家，中国科学史事业的开拓者。毕生从事中国古代建筑的研究和建筑教育事业。系统地调查、整理、研究了中国古代建筑的历史和理论，是这一学科的开拓者和奠基者。曾参加人民英雄纪念碑等设计，是新中国首都城市规划工作的推动者，建国后几项重大设计方案的主持者。是新中国国旗、国徽评选委员会的顾问。

⊠ 建筑理论

在梁思成的一生中，虽然以主要精力投入中国古建筑的研究和建筑教育事业，但始终不忘他从事这些工作的根本目的是要在中国创造出新的建筑。

梁思成青年时期到过欧美许多国家，参观过各国古代和近代的城市和建筑。他清楚地看到一个国家和民族都有它自己的传统文化，一个国家和地区的建筑也多具有自己的传统风格。人类进入 20 世纪，物质文明大大提高，各国之间的经济、文化交流日趋频繁，在这样的时代，中国新的建筑应该是什么样子？将会朝着什么方向发展？这些问题长久地在他脑海中思考着。

20 世纪 30 年代，他总结了近代国外

建筑的发展和近百年中国建筑的状况，他提出既反对全盘西化，将洋式建筑照搬进来，也反对那种完全仿古的做法，认为这决不是中国新建筑的方向。他向往着一种既能用新技术、新材料，又具有民族传统的新建筑形式的出现。40 年代中期，第二次世界大战即将结束，各国都在准备着战后的和平建设，讨论着新城市的理想规划，探索着新住宅的多种形式。梁思成也向往着自己祖国在胜利后的建设，他在四川乡下读着国外新出版的书刊，研究城市规划，住宅建筑新的理论；他著书写文，

探讨中国新时期的建筑设想；但是，在旧中国，他的这种向往和主张是不可能实现的。

他十分注意新建筑的实践，对于北京民族宫、美术馆这样较多地应用了大屋顶和古代建筑装饰的建筑，梁思成并不认为它们就是最好的和唯一的民族形式；他发现有些地区、有些农村的住宅采用了中国建筑的横向开间比例，用普通砖砌出少许具有中国风格的装饰，他十分高兴地认为

这可能是创造民族形式的广阔途径。可以说，在建筑创作这样复杂的学术问题上，几十年来，梁思成始终在进行着思考和探索。

梁思成的学术成就也受到国外学术界的重视，美国有专门研究梁思成生平的学者并出版了他的英文专著《图像中国建筑史》。专事研究中国科学史的英国著名学者李约瑟说：梁思成是研究"中国建筑历史的宗师"。

讲故事的建筑

JIANG GUSHI DE JIANZHU

⊠ 主要论著

梁思成.《清式营造则例》（单行本）. 1934.

梁思成.《建筑设计参考图叙述》. 营造学社汇刊六卷二期，1935. 12.

梁思成.《中国建筑史》（单行本）. 1945.

梁思成.《中国建筑和艺术》（英文稿）. 为美国百科全书作. 1946.

梁思成.《城市计划大纲序》（单行本）. 1951.

梁思成.《中国建筑与中国建筑师》. 文物，1953.（10）.

梁思成.《中国建筑的特征》. 建筑学报，1954.（1）.

梁思成.《中国建筑发展的历史阶段》（与林徽因、莫宗汇合写）. 建筑学报 .1954.（2）.

梁思成.《建筑创造的几个重要问题》. 建筑学报，1961.（7）.

梁思成《为什么研究中国建筑》2011.4

梁思成建筑画

106

2012年，第34届普利兹克建筑奖获得者为中国王澍，图为获奖作品——宁波博物馆。

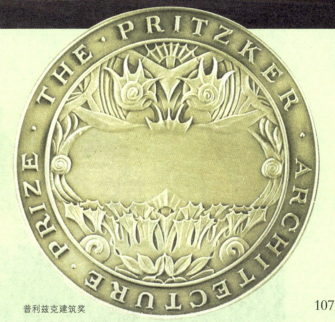

❯ 普利兹克建筑奖

　　普利兹克建筑奖（Pritzker）是Hyatt（凯悦）基金会于1979年所设立的，因其独一无二的权威性和影响力，有建筑诺贝尔奖之称。每年一次的颁奖都由美国总统颁发并致颁奖词，1983年美籍华裔建筑师贝聿铭就是从当年的美国总统里根手里接受的大奖。

普利兹克建筑奖

● 建筑世界中的冠军

世界上最长的桥——路易斯安那的庞恰特雷恩湖堤道 ＞

路易斯安那的庞恰特雷恩湖堤道

1969年，美国路易斯安那州的庞恰特雷恩湖2号堤道竣工，它把曼德韦尔和梅泰里连接起来，全长38.42千米，横跨大湖Lake Pontchartrain，其中有12.8千米只见水不见陆地，桥在湖的正中央纵贯而过。

世界上最大的游乐园——奥兰多迪士尼乐园 ＞

　　奥兰多迪士尼乐园位于美国佛罗里达州，投资4亿美元。是全世界最大的主题乐园，也是迪士尼的总部，总面积达124平方千米，约等于1/5的新加坡面积，拥有4座超大型主题乐园、3座水上乐园、32家度假饭店（其中有22家由迪士尼世界经营）以及784个露营地。自1971年10月开放以来，每年接待游客约1200万人。这里设有5座18洞的国际标准高尔夫球场和综合运动园区，市中心还有迪士尼购物中心——结合购物、娱乐和餐饮设施，里面有夜间游乐区、各式商店和超过250家的餐厅。

世界上最大的行政建筑——美国五角大楼 ＞

　　五角大楼坐落在美国华盛顿附近波托马克河畔的阿灵顿镇，是美国国防部所在地。从空中俯瞰，这座建筑呈正五边形，故名"五角大楼"。它占地面积235.9万平方米，大楼高22米，共有5层，总建筑面积60.8万平方米，使用面积约34.4万平方米，当时造价8700万美元，于1943年4月15日建成，同年5月启用，可供2.3万人办公。大楼南北两侧各有一大型停车场，可同时停放汽车1万辆。

奥兰多迪士尼乐园

美国五角大楼

世界上最长的人造建筑——中国万里长城 〉

雄伟壮观的万里长城，它横穿中国北方的崇山峻岭之巅，总长6700多千米，始建于春秋战国。它是人类建筑史上罕见的古代军事防御工程，它以悠久的历史、浩大的工程、雄伟的气魄著称于世，被联合国教科文组织列入"世界遗产名录"，被誉为"世界第八大奇迹"。

世界上最大的古建筑群——北京故宫 〉

中国北京的故宫（又称紫禁城），位于北京市区中心，为明、清两代的皇宫，有24位皇帝相继在此登基执政。始建于1406年，至今已600余年。故宫是世界上现存规模最大、最完整的古代木构建筑群，占地72万平方米，建筑面积约15万平方米，拥有殿宇9000多间，

其中太和殿（又称金銮殿），是皇帝举行即位、诞辰节日庆典和出兵征伐等大典的地方。故宫黄瓦红墙，金扉朱楹，白玉雕栏，宫阙重叠，巍峨壮观，是中国古建筑的精华。宫内现收藏珍贵历代文物和艺术品约100万件。1987年12月它被列入《世界遗产名录》。

世界上最大的单一建筑工程——三峡水利枢纽 〉

　　三峡工程包括两岸非溢流坝在内，总长2335米。泄流坝段483米，水电站机组70万千瓦×26台，双线5级船闸+升船机。三峡水库表面积相当于新加坡的国土总面积。

世界上最大的火车站——纽约大都会终点站 〉

　　美国纽约市的大都会终点站是世界上最大的火车站。于20世纪初由百万富翁威廉姆·范德贝尔德出资，美国两家建筑公司沃伦和怀特摩尔公司、里德和斯泰姆公司联合承建。这座车站占地1900平方千米，为世界之最。分上下两层，上层有41条铁路线，下层有26条铁路线。每天平均有550多列火车、21万名上下班旅客从这里经过。

纽约大都会终点站

世界上最大的会堂式建筑——北京人民大会堂 〉

　　人民大会堂创了一个建筑史上的奇迹，1958年10月底破土，1959年8月竣工，从设计到建成仅历时一年。

　　整组建筑平面呈"山"字形，正面墙呈"弓"字形。建筑面积达17.18万平方米。中部是著名的万人大会堂，会场呈扇形，共三层，可容纳10 000人进行的大型会议。穹窿形的顶篷，纵横排列着500个灯孔，顶部为巨大的红五角星，周围是葵花环及三层水波形灯槽。北部为面积7000平方米的宴会厅，可供5000人的宴会。南部是人大办公楼，包括以全国各省、市、自治区、行政特区命名的各具地方特色的会议厅。

世界上最大的冰建筑物——瑞典冰旅馆 >

　　位于瑞典尤卡斯耶尔维的冰旅馆为世界上最大的冰
建筑物，室内总面积为5000平方米，每晚可接待150位来
宾。过去5年中该宾馆每年12月修缮一次，面积逐年增加。
目前这座宾馆以冰雕、电影院、桑拿浴和冰吧为特色，还
设有世界上独一无二的冰制祈祷室。

113

● 千奇百怪的建筑创意

都市太阳伞是什么？ 〉

J·Mayer H·Architects建筑事务所在西班牙塞尔维亚设计的"都市太阳伞"已经竣工。这是一个由混凝土和木材组成的巨大伞形结构，它将成为塞尔维亚新的城市中心，作为一个地标建筑，它象征了城市的文化内涵。

这个巨大的露天建筑内设有很多功能单元，包括博物馆、农业市场、空中广场和餐厅，这里将成为热闹的公共广场，把游客和当地居民都吸引过来。

有机交叉和波浪形的木板构成了这个城市空间，并和周围的中世纪环境形成鲜明的对比。项目的基座使用的是混凝土，上层则是木质结构，这是现代最大、最具创意的木质结构之一。项目周围是文化遗址，在这里，传统和现代交融在一起。

新加坡"无边界"露天游泳池什么样子? >

　　世界上露天游泳池有很多,在楼顶上的露天游泳池也有很多,像 Marina Bay Sands 50层高楼顶上的这个"无边界"的露天游泳池,不知道还有没有第二个。Marina Bay Sands是博彩集团 Las Vegas Sands 在新加坡投资数十亿美元兴建的一个超豪华酒店,酒店有多高档且不说了,楼顶这个巨大的空中花园真是让人叹为观止。空中花园也暂且不说了,楼顶上的"无限大"露天泳池才是真正让人无限神往的。

　　空中花园横跨在三座50层高的塔楼上,这个无限泳池就在花园的一侧,边缘的位置没有任何的突出遮挡物,畅游其中,就仿佛是在一个巨大的瀑布上方,与天齐高俯瞰整个新加坡。只是看看图片,都有些眩晕的感觉,真担心游着游着就飞流直下三千尺了……虽然事实上游客是不必为安全担心的。泳池中的水随水波流到下层,经过净化处理后再用水泵抽至上层,不断循环。

丹麦"彩虹"观景平台有什么特别的？ ＞

　　由著名艺术家Olafur Eliasson设计的最新装置作品"your rainbow panorama"（你的彩虹全景）是一座被抬升的永久建筑，可以360°纵览丹麦奥尔胡斯市全景。彩虹一样的建筑悬吊在城市与天空之间，特殊设计的观景平台将为前来参观的游客提供意想不到的观景体验。

　　连续的环形通道位于建筑顶部，整体均衡的风格向Schmidt Hammer Lassen 2007年设计的ARoS艺术博物馆致敬。这座周长150米的透明玻璃建筑作为城市的视觉指南针，不同的色彩代表了各个不同的地点，为参观者含蓄地指明城市景点方向。

　　这个像光谱一般的建筑仿佛参与了周边建筑和城市之间的对话。消除了室内外的界限，环绕的环境旨在破除空间舒适度的界限，为参观者提供非同寻常的移动体验。

　　整座建筑被彩虹色的玻璃幕墙包裹，游客在参观完后会产生对色调的残像，改变并重新定义对这座城市的感受。

白俄罗斯国家图书馆有什么设计特点？ >

白俄罗斯国家图书馆始建于1922年9月15日，当时作为白俄罗斯国家的综合图书馆接受苏联出版物1册和白俄罗斯出版物2册的缴送本。1926年5月14日，根据白俄罗斯共和国人民委员会令，该馆改组为白俄罗斯国立图书馆，同时分别在一些州政府大楼内建立分馆，日后这些分馆成为各州图书馆。1932年该馆以列宁命名，同时建成国内最大的图书馆大楼，辟有科技阅览室、参考阅览室和400个座位的大阅览室，当时馆藏已达100万册。二次大战期间图书馆遭到严重破坏，战后即刻重建，1948年又达到战前水平。除了1962年建了新馆舍外，1992年5月10日，根据共和国部长会议令，白俄罗斯国立图书馆正式更名为白俄罗斯国家图书馆，同年还完成了新馆设计。

毕尔巴鄂竞技场设计风格如何？ 〉

毕尔巴鄂以古老的铁矿为基础，紧邻古老的城镇。在附近的公园河流两岸和树木之间有大量的石灰岩，这成了建筑师对这座多功能流通建筑的主要设计思路和解决方法。

竞技场共分为两部分。竞技场周围的顶端是售票点距离住宅区域很远，这样可以避免毕尔巴鄂篮球赛为附近居民带来的不便和喧闹。

它的设计外形就像是一棵大树一样，3根用于固定金属框架外立面和漆成各种颜色的金属板的柱子创造出通风设备，不受天气影响。

建筑师将运动中心打造成了一个岩石形状，具有预制混凝土板的纹理并漆成了白灰色，与该区域内的石灰岩颜色相似。运动中心内部，3个空间在视觉效果、舞台和层状结构上相互连通：从这里可以到达停车场、体育馆和游泳池。面板漆成绿色，与苔藓的颜色相同。

海湾+沙滩大厦是什么？ 〉

由迈阿密建筑事务所Oppenheim Architecture Design设计的多功能建筑综合体"海湾+沙滩大厦"位于阿联酋迪拜沿海。一对流线型的体量从沙滩上缓缓升起，直冲天际。两个建筑体之间的部分被保留下来，作为茂盛的花园绿洲，为了保护其中的植物，花园里设有环境光照明和自然通风系统。参观者可以沿人行步道在这个自然地形中漫步，步道两边设有零售商店和餐厅，成为供游客休闲的集市一条街。两座建筑之间由人行天桥相连，可以直达室内。

建筑立面由一系列居住单元模块组成，各个模块相互连接，不仅可以观赏到海滩美景还遮挡了沙漠中炽热的太阳光线。建筑的外形本身就是一个巨大的集风口，当地人经常使用类似形态的设备进行室内通风。建筑内还设有太阳能和风能收集系统，可以供应必要的能源。基地的水源通过向上循环系统重复利用。

亚历山大图书馆有怎样的建筑结构？ ＞

图书馆的建造基本分两个阶段。第一阶段是地基和土建工程，由意大利的罗迪尤·特里菲联合公司和埃及的阿拉伯承包公司负责。工程动工于1995年5月15日，完工于1996年12月31日，共耗资5900万美元。它包括一个直径达160米的如古罗马圆形剧场那样倾斜的建筑，600根桩柱有间隔、排列有序地耸立着，支撑着图书馆圆形墙体和钢架玻璃的屋顶。它就是图书馆的阅览大厅，可同时接纳2000名读者。据说它在建筑艺术上达到了很高水准。第二阶段是图书馆及其他建筑，包括内外装修和设备安装。它动工于1996年12月27日，共耗资1.17亿美元。工程由英国的贝尔福·白迪联合公司和埃及的阿拉伯承包公司承担。

现代亚历山大图书馆总共包括主图书馆、青年图书馆、盲人图书馆、天文馆、手迹陈列馆、古籍珍本博物馆、国际资料研究学院、修缮保养工厂、会议中心等。此外它还留有一些空场所，可根据举办展览、演剧或其他需要随时提供各种服务。亚历山大图书馆总建筑面积36 770平方米。共有11层、总高33米，所以总共可提供使用面积达85 405平方米。其中图书文化活动场所占4210平方米，科技和技术服务为10 860平方米，国际资料研究学院用3500平方米，会议中心以及其他辅助服务场所占用面积30 840平方米。

Otto Bock科研中心是什么样子？ ＞

从2009年夏天开始，在柏林会展中心举办的Otto Bock卫生间健康展会吸引了成千上万的人参观。德国建筑公司Gn·dinger Architekten对这家世界医学整形技术领先的公司设计建造了这座雄伟的科研中心大楼。在会展中心，先进的设备使该展会对卫生保健这一快速发展领域的创新产品和设计进行了完美的演示。

该中心开放以来吸引了众多游客的光顾，他们切身体验了各种媒体设施的演示和变化。其中最引人关注的就是Gn·dinger Architekten建筑事务所对该中心建筑理念的阐释。在德国国会大厦中心、波茨坦广场和勃兰登堡大门的旁边，就是这座科研中心的建造地点，独特的钻石外观使其脱颖而出，格外引人注目。

该中心与周围的建筑保持了一定的距离，根据该地区的不规则形状建造而成。这座六层建筑占地1300平方米，是一个公众展示和咨询空间。钻石形状的楼层由不规则形状的玻璃外观环绕而成，这种独特的曲线设计表现力十足。

建筑师是从人体肌肉的切面得到灵感，设计建造了这座魅力十足、不规则的白色铝制外观建筑。他们用不同的凹凸结构围绕着建筑的各层空间，活力十足。铝制外观恰到好处的聚集和分离设计别出心裁，独特的发光表面彰显了建筑的创新性与独特性，这样就将建造方法的精髓隐匿于建筑之中。

方块屋有什么奇特之处? ❯

地点: 荷兰, 鹿特丹

背景: 建于1984年的方块屋由38个立方体组成, 坐落在一座人行天桥的顶部, 这些用作住宅的方块屋可以俯瞰一条由旅馆和店铺组成的商业街。

奇特之处: 在建筑师皮埃特·布洛姆的构想中, 每个立方体都代表一颗抽象的树——所有的立方体合在一起, 就如同一片森林。倾斜的立方体彼此相邻, 看上去如同一个六角形。每个方块屋都有三层, 顶层犹如一个金字塔, 三面由玻璃覆盖。

Sarpi边境检查站有什么特点？ 〉

2011年11月，Sarpi边境检查站建造完成。这个由设计师J·Mayer H·architects设计的海关检查站位于黑海海岸格鲁吉亚和土耳其的边界。该检查站有一个悬臂式的平台，高高的塔形建筑是一个多层的瞭望台，可以俯视海面和海岸线陡峭的部分。

除配备常规的海关设施之外，在该建筑内还包括自助餐厅、教员休息室和会议室。建筑像一面旗帜，象征着格鲁吉亚正在不断地前进、发展，欢迎世界各地的游客到访。

讲故事的建筑

JIANG GUSHI DE JIANZHU

莲花寺有什么奇特之处？ ＞

地点：印度，新德里

背景：正式名称为巴哈伊宗教教院，它是印度参观人数最多的寺院之一。超过8000人参加了1986年举行的开幕式。

莲花寺顶部景观

奇特之处：这座寺院看上去如同莲花，以宗教符号的形式代表了在印度盛行的各种宗教，包括印度教、佛教和伊斯兰教。这个寺院由3组花瓣构成，表面以大理石覆盖，并且顶部是开放的。

124

布满"弹孔"的住宅楼在哪里？ 〉

荷兰Groningen市启动了一个名为"The Intense City"的计划以增加城市建筑的密集程度，改变人们的生活节奏。这家De Rokade住宅就是这个计划的项目之一。其现代简约风格的设计，让楼内生活的人每天在房子内的活动都不会过于激烈和繁杂。只是外墙的窗全部采用圆形，让人感觉墙上布满了弹孔。

De Rokade住宅楼紧靠Maartenshof护理之家，购买公寓的主要是"年轻的老人"。住宅大楼与Maartenshof护理之家之间微妙的联系起来，这样，买家不用出楼就可以得到护理之家提供的各种护理。

由于预算方面的原因，荷兰的塔式住宅一般一层最少有4个单元，De Rokade住宅大楼也是这样。住宅楼高21层，由于平面布局呈十字形，所以整个建筑看上去很修长。四个公寓单元的平面是L形，这样，住宅单元既可以结合窗外的美丽景色，同时也兼顾住宅内部的质量。

住宅楼的立面、承重结构和建筑设备已准备了3种不同的布局可能性，目前和未来的居民将能够采用他们自己喜欢的内部布局，建筑根据罗宁格住宅质量指标进行了额外的可持续性设计。

住宅楼没有采用昂贵而黑暗的地下车库，建筑师把车库放在2层，在物理治疗师的办公室以上。居民可以通过使用汽车升降机，到达他们在第1或第2层的停车场。车库是自然通风，有阳光和对外的通透视线，造价不高，每个停车位15 000欧元，比传统的地下车库便宜。

VM住宅为什么设计成"刺猬型"？ >

这是丹麦以三角形为设计元素而设计的VM住宅。除了V、M的字母造型外，其突出的三角形露台可是最引人注目的地方。这披着刺猬皮的住宅，可是为了获得更好的采光才这样设计的。

建筑绝好的边框结构由四个角清晰地定义出来，这不仅使结构既向内开放又能够沿着边缘延伸。通过将楼板置于中心的方式减少了邻居之间面对面的可能，保证了空旷的视野。建筑体量可为所有的住户提供最好的空气、光线和景观。所有的公寓在北部拥有双层层高空间，而在南部拥有广阔的全景视角。

迪拜帆船型酒店有多豪华？ ＞

　　坐落在阿拉伯联合酋长国迪拜的帆船型酒店，是世界上唯一的七星级宾馆，它可以称为当今世界的先进建筑，以其风帆状造型闻名于世，也是世界上最豪华的酒店。其外层是双层玻璃纤维屏幕设计，在阳光下呈耀眼白色，晚上则呈彩虹色彩。宾馆采用双层膜结构建筑形式，造型轻盈、飘逸，具有很强的膜结构特点及现代风格。

　　酒店外表漂亮，但里面的设施比外表更吸引人。金碧辉煌的酒店套房，则让你感受到阿拉伯油王般的奢华。全部是落地玻璃窗，随时可以面对着一望无际的阿拉伯海。餐厅更是让人觉得匪夷所思：酒店内的AI-Mahara海鲜餐厅仿佛是在深海里为顾客捕捉最新鲜的海鲜，在这里进餐的确是难忘的经历——要动用潜水艇接送。从酒店大堂出发直达AI-Mahara海鲜餐，虽然航程短短3分钟，可是已经进入一个神奇的海底世界，沿途有鲜艳夺目的热带鱼在潜水艇两旁游来游去，美不胜收。安坐在舒适的餐厅椅上，环顾四周的玻璃窗外，珊瑚、海鱼所构成的流动景象，伴随客人享受整顿写意的晚餐。

JIANG GUSHI DE JIANZHU

波兰的颠倒房好玩吗？ 〉

丹尼尔·恰佩夫斯基所建，建成后迅速成为小镇的著名景点。

房子不但长相奇怪，一踏入屋子里更是让人头晕目眩。不过，很多游客却心甘情愿排上几个小时的队，就为了走进房子里感受一下。屋里的摆设也都是颠倒过来的，游客说，走进屋里让人头晕目眩，至少要半小时后才能适应。

集装箱城2号有怎样的背景？ 〉

地点：英国，伦敦

背景：集装箱城2号是22位艺术家的工作室。都市空间管理公司设计了各种各样的集装箱城，用于住宅、办公和店铺。

奇特之处：集装箱城采用旧的航运集装箱制作组合式建筑，其价格便宜而且施工快。据公司介绍，集装箱城2号的颜色和外观被设计成"能反映出在此工作的艺术家极富创造力的才华"。

讲故事的建筑

弗林特石屋有什么奇特之处? >

地点: 美国, 加利福尼亚, 伯灵格姆

背景: 建筑师威廉·尼克尔森于20世纪70年代设计了这个房子。为了建造奇特的外形, 建设者编制了一个铁丝网, 将其覆盖在膨胀的飞行气球表面, 再往上涂混凝土。

奇特之处: 当人们设计住宅时, 都希望能从建筑上表现出个性和喜好。这些圆顶外形的屋子与众不同而且引人注目, 但是弗林特石屋只适合特定的买家, 伊斯雷尔说道: "这不是每个美国人梦想中的房子。"

西班牙伊休斯酒庄是什么样的? >

位于西班牙里奥哈西北部的伊休斯酒庄建于1998年, 由西班牙最大的葡萄酒集团班比达(Bebidas)全力打造, 是该集团遍布西班牙的十几个优质酒庄中最顶尖的作品。伊休斯酒庄虽然很年轻, 但却以雄厚的基础、绝佳的地理位置、超凡的酒庄设计和优质的葡萄酒很快引起世人的瞩目。

精心打造的伊休斯酒庄专注酿制高等级Reservas级别的葡萄酒, 从葡萄栽培、选料加工和陈年方式等所有工序都

弗林特石屋

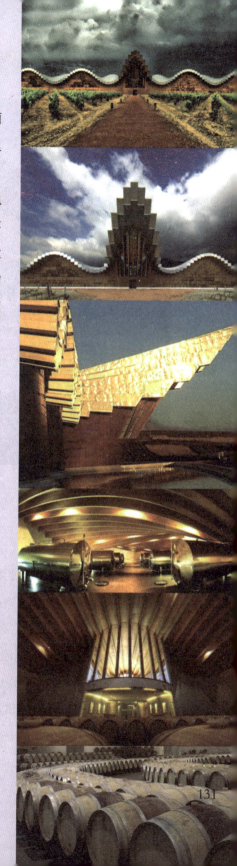

严格把关，汲取传统和现代的优势，所酿制的葡萄酒很快在不少国际大奖赛上获奖，被认为能完好代表里奥哈葡萄酒产区的气质和特色。

不过，正如伊休斯酒庄的介绍所言：舌尖的愉悦只是享受之旅的起点。实际上，伊休斯酒庄开启了游客的感官新体验。美轮美奂的酒庄由著名西班牙建筑大师Santiage Calatrava设计，被誉为世界当代三大建筑物之一。酒庄雄伟的波浪式外形与周围环绕的山峦遥相呼应，完美融合；远看又似翻滚的海浪或者是疾风吹拂着枝繁叶茂的葡萄园，引来无限遐思。庄内设计也引人入胜，融入了环保因素，巧妙依靠重力作用完成多道酿酒工序，省时省力。

全新理念的酒庄俱乐部提供了从私人藏酒、量身定做的晚宴到商务会议等高端配套服务，揭示着葡萄酒不仅是餐饮的一部分，也代表了一种生活的方式和追求。也许，这也是酒庄特邀西班牙当代最知名的佛朗明哥舞蹈家拉斐尔为形象大使的部分原因。

酒窖Ysios，特别的设计，巨大的重量分散在起伏的波浪行屋顶和墙壁上面，因此室内没有一根承重柱，从外面看，你想象不到会是个酒窖吧，每年吸引约20 000人前来观光，这样专业的酒窖里面都会有专业导游陪同讲解，包括帮助你了解如何品酒。

131

歪屋在哪里？ 〉

地点：波兰，索波特

背景：弯曲屋位于一个购物中心。这座建筑造于2003年，现用于商业。

奇特之处：坐落在波兰索波特市蒙特卡西诺大街上的一栋歪屋历来是游人们关注的焦点。儿童读物插画家Jan Marcin Szancer设计了这栋建筑，它起伏的外观就像是被两边的建筑挤压所致，而且看上去还在不断凹陷。而建筑的屋顶刻意做成了龙鳞的样子。屋子的正面是一张人脸，让人想起蒙克的作品《呐喊》里的那张脸。

这栋房子像是要被太阳融化了一般，它是波兰出镜率最高的建筑物之一。房子里面是各种各样的酒吧和餐馆，但遗憾的是这些内部设施并没有严格地与其外表的扭曲风格保持一致。

栖息地 '67奇特之处是什么？ 〉

地点：加拿大，蒙特利尔

背景：这个公寓建筑是为加拿大1967年世博会而造。虽然当初打算在世博后将其作为廉价住宅——类似于温哥华奥运村的规划——然而由于独特的建筑设计，这里已经成为高档社区。

奇特之处：每间房子看上去都很奇怪而且彼此分离，但这样设计的真正目的：栖息地 '67由354个立方体公寓构成，它们逐个堆叠，邻近房间窗户朝着不同方向以保护隐私。"这看上去很不寻常，"伊斯雷尔说，"但很适合居住。"

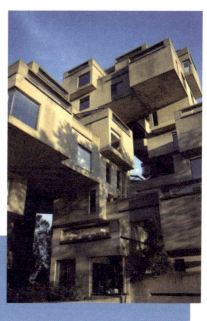

133

圣玛利·艾克斯街30号有怎样的背景？ 〉

地点：英国，伦敦

背景：这是伦敦市区第二高的建筑。它于2004年投入使用，由于其酷似黄瓜的水果外形，人们一般把它称作"小黄瓜"。其引人联想的外形也衍生出了昵称"高耸的讽刺"。

小黄瓜这个名称的由来至少可以追溯到1999年，其所指的是这栋大楼极度非正统的外观建构。此外，由于大楼外观在某种程度上近似于菲勒斯（阳具）图腾的意象，所以也衍生出了其他一些昵称，如：性爱小黄瓜（Erotic Gherkin），高耸的讽刺（Towering Innuendo，挖苦其因为自身缺陷或不足而建构作为补偿或安慰）以及水晶菲勒斯等（Crystal Phallus）。

1996年崔佛嘉集团提出一份建造伦敦千禧塔的计划，预计兴建一栋总高度386米，总楼层面积90 000平方米，并含有一座305米观景台的摩天大楼。然而，此计划遭到反对而作罢，取而代之并获得许可的是原计划的更新版本，改为建造一座高度较低的大楼，也就是现在的圣玛利·艾克斯30号大楼。

奇特之处：该建筑的圆周惊人，其最大周长仅比高度少两米。类似的圆周极其少见，因为这需要电脑辅助设计，施工的成本也更高。此外，"小黄瓜"有很多窗户，其外部安装了2.4万平方米的玻璃幕墙，形成了独特的、高效节能的建筑。

你知道森林螺旋城吗？ ＞

地点：德国，达姆施塔特

背景：奥地利著名建筑师和画家百水先生设计了这个建筑，里面有105间公寓和一个餐厅。

奇特之处：建筑很少会如此华丽。"真是难以想象，"设计心理学家、《就像在家一样》的作者托比·伊斯雷尔说道。百水先生以其建筑色彩丰富、外形不规则、房间窗户形状大小各异而闻名。

此外，这个建筑的颜色代表着不同沉积岩的地层。

图书在版编目（CIP）数据

讲故事的建筑/于川编著 . —北京:现代出版社，
2014.1
ISBN 978 - 7 - 5143 - 2087 - 9

Ⅰ. ①讲⋯　Ⅱ. ①于⋯　Ⅲ. ①建筑艺术 – 世界 – 青年
读物②建筑艺术 – 世界 – 少年读物　Ⅳ. ①TU – 861

中国版本图书馆 CIP 数据核字（2014）第 007794 号

讲故事的建筑

作　　者	于　川	
责任编辑	王敬一	
出版发行	现代出版社	
地　　址	北京市安定门外安华里 504 号	
邮政编码	100011	
电　　话	（010）64267325	
传　　真	（010）64245264	
电子邮箱	xiandai@cnpitc. com. cn	
网　　址	www.1980xd. com	
印　　刷	汇昌印刷（天津）有限公司	
开　　本	710×1000　1/16	
印　　张	8.5	
版　　次	2014 年 1 月第 1 版　　2020 年 12 月第 4 次印刷	
书　　号	ISBN 978 - 7 - 5143 - 2087 - 9	
定　　价	29.80 元	